KB123273

젊은이들의 감각으로 과학을 받아들이고, 우리 시대의 언어로 과학을 표현하는 책이 드디어 출현했다! '우리 시대를 이해하는 가장 중요한 교양'이 된 과학, 그것을 알아야 소개팅 자리에서 허세도 떨고 술자리에서 좌중을 휘어잡을 수 있지 않겠나! 저자는 과학수다가 얼마나 흥미로울 수 있는지 보여주면서, 동시에 과학의 핵심을 정확하게 찌르는 지적 쾌감도 제공한다.

_정재승(뇌과학자, 『정재승의 과학콘서트』, 『열두 발자국』 저자)

과학은 사실 어렵거나 지루한 것이 아니라 쉽고 신나는 것이라는 말은 새빨간 거짓말이다. 과학은 과학자에게도 어렵고 지루하다. 모든 사람이 과학을 할 필요는 없다. 하지만 궁금하기도 하고 필요하다. 심지어 허세를 부리는 데도 말이다. 『궤도의 과학 허세』는 과학이 쉽고 신나는 것이라는 즐거운 착각에 빠지게 한다. 진지한 내용을 농담처럼 이야기하는 고수의 진면목을 보여주는 책이다.

_이정모(서울시립과학관 관장)

『궤도의 과학 허세』는, 말하자면 지구 궤도를 돌고 있는 GPS 위성 같은 책이다. 과학의 세계는 알고 싶은데 문턱을 넘기는 힘겨워하는 사람들에게 과학의 위치와 정보를 정확하게 알려준다. 과학적 삶을 살아가기 위한 정품 내비게이션 같은 책이다.

_이명현(과학 저술가, 과학책방 갈다 대표)

저자 궤도는 과학 커뮤니케이터다. 과학이 깊게 살펴 밝힌 내용을 저자는 넓게 이해해 재밌게 알려준다. 유사과학의 사이언스 피싱에 쉽게 넘어가는 지인에게, "아, 그건 말이지…" 하고 과학 허세를 부릴 수 있는 여러 "~의 과학"이 충실히 담겼다. 우리 사는 세상을 과학의 눈으로 보고자 하는 모든 이에게 이 책을 추천한다.

_김범준(성균관대학교 물리학과 교수, 『세상물정의 물리학』 저자)

알아두면 쓸데없지만 어떤 대화에도 양념처럼 가미할 수 있는 좋은 지식의 재료가 있다. 바로 과학을 기반으로 한 팩트와 상식. 사람들이 흥미로워할 어떠한 주제에 추가해도 수다가 풍성하고 재미있어진다. '블랙홀, 먹방, 시간여행, 다이어트, 외계인, 슈퍼히어로, 귀신, 암호화폐, 지구멸망…' 이 모든 주제들에 아는 척을 하며 허세를 부리고 싶다면, 과학을 공부하라. 하지만 제대로 과학을 공부하기 부담스럽다면, 그냥 이 책 『궤도의 과학 허세』를 읽어라. 지식 수다에는 손색이 없다!

_장동선《알쓸신잡2》뇌과학자, 『뇌 속에 또다른 뇌가 있다』, 『뇌는 춤추고 싶다』 저자)

이 책의 다른 제목은 '연결'이 아닐까 싶다. 사람과 과학, 일상과 과학, 역사와 과학, 호기심과 과학. 빠르게 변해가는 현 시대에 이미 밀접하게 스며든 과학 때문에 사람들은 이제 과학을 더디게 느낀다. 이 책에서 어려운 단어 하나 없이 풀어낸 과학은 나 또한 이미 과학 속에 살고 있었음을 발견하게 해줬다. 내가 느낀 궤도는 상냥한 과학꾼이다. 자신의 성격처럼 유쾌하게 풀어나간 과학이 모두에게 '편안한 똑똑함'으로 전달되길 바란다.

_신지애(프로 골프 선수)

저자는 위대하고 심오한 과학을 어떻게 하면 가볍고 만만하게 느끼게 할 수 있을까를 끊임없이 연구하는 사람이다. 저자 특유의 유머러스한 화법을 따라가다 보면 어느새 '과학 뭐 별거 아니네' 하며 허세 가득해진 자신을 발견할 것이다.

_윤태진(아나운서)

우연히 저자와 과학 프로그램을 함께 진행한 이후로, 이제는 나도 어디 가서 꽤나 과학에 대해 아는 척을 할 수 있게 됐다. 물론 아주 얕은 수준이지만, 이 정도의 관심이 계기가 되고 발판이 된다. 고난도의 지식도, 전문가의 영역도 아닌 일상의 과학을 편한 마음으로 일단 접해보시길.

_레이디 제인(방송인)

궤도의 과학 허세

궤도의 과학 허세

ORBITAL
RECORDS
BESPOKE
INSPIRE
TRAVEL

궤도 지음

동아시아

CONTENTS

과학이 처음인 그대에게

어릴 적 기억에 따르면 분명히 '과학'이라는 단어가 붙은 모든 것들은 신기하고 흥미진진한 놀이였다. 페이지가 닳도록 과학만화를 읽고, 상자에 가득 담긴 과학을 꺼내 나사를 조였다. 텔레비전을 켜면 지구를 침략하는 적들을 무찌르기 위해 힘을 모으는 과학자들이 나오며, 그들의 지시에 따라 변신한 소녀와 소년 들은 로봇에 탑승하며 활약한다. 하다못해 물을 연료로 사용하는 단순한 구조의 재활용품에도 '물로켓'이라는 거창한 이름을 붙여 창공을 향해 발사한다. 모든 과학에는 가슴 뛰는 이야기가 숨겨져 있었고, 과학자들은 인류를 위기에서 구출해 낼 희망의 영웅들이었다. 아쉽게도 여기까지는 과학이라는 문화가 과목으로 분류되어 중간고사 시험 범위에 들어가기 전까지의 일이다.

곰곰이 생각해 보면, 처음부터 현실의 난해한 과학을 탐구하는 건 결코 쉽거나 재미있지 않았다. 인류 최고의 지성들이 모여 이해할 수 없는 결과에 대해 합의를 해내고, 또다시 전에 없던 새로운 질문을 찾아내는 과정이 그리 즐거울 리만은 없다. 과학자들이 극도의 스트레스를 받다가 건강을 해치는 것이야 백번 양보해서 그럴 수 있다고 쳐도, 어느새 과학자가 아닌 사람들조차 시험이라는 통과의례를 거치며 각자의 성취 단계를 엄격하게 비교당하며 검증받아야만 한다. 아무리 포켓몬스터를 좋아하는 실사판 트레이너라고 해도, 만약 대학에 가기 위해 포켓몬의 종류와 특징, 등장 위치, 진화방법 등을 외우거나 수학적으로 피카츄의 백만 볼트가 방사되는 각도를 계산하는 시험을 몇 번 본다면 이내 고개를 절레절레 흔들며 다시는 띠부띠부씰조차 거들떠보지 않을지도 모른다. 지금의 과학은 여기쯤 와 있고, 상처받은 대중은 삶의 모든 곳에서 다시는 과학을 우연히도 만나지 않기를 간절히 바란다. 시험이라는 물레바늘에 찔려 잠자는 숲속의 공주처럼 영원한 잠에 빠져버린 것이다.

한번 깊이 잠이 든 사람은 아무리 흔들어 깨워도 쉽사리 일어나지 않는다. 어떻게든 힘겹게 몸을 일으켜도 다시 이불로 들어가 버린다. 손바닥의 단면적이 작아 아빠보다 아픈 엄마의 등짝 스매시가 필요한 순간이지만, 과도한 폭력은 가정의 불화를 부를 뿐이다. 일단 일어나게 하는 과정이 가장 중요하다. 다시 과학으로 돌아오게 만드는 힘은 역시 과학 그 자체다. 대신 여기에는 지금까지의 과학이 우리에게 다가오던 모습과 조금 다른 접근이 필요하다. 이 책은 오직 술술 읽히는 것을 목적으로 쓰였다. 깊은 과학적 성찰이나 인류의 과거와 미래를 논하지 않는다. 깊이 있는 과학의 매력에 빠진 사람들을 위한 좋은 책은 이미 다양한 곳에 너무 많이 존재한다. 그래서 결론은 허세다. 다만 불쾌하지 않고 누구나 부릴 수 있는 아주 귀여운 허세다.

> "눈앞에 닥친 거대한 문제를 해결하고 은밀하게 숨겨진 과학적 발견을 해내는 건 정말 중요하지만, 그만큼 이미 세상에 존재하는 과학을 끊임없이 두근거리도록 생기를 불어넣는 작업 역시 의미가 있다."

대단하고 위대한 글을 써 내려갈 능력도 자신도 없었다. 다분히 교육적인 목적의 내용 위주로 담기엔 꼭지마다 분량도 부족했다. 전 세계에서 가장 체계적인 교육 시스템을 보유한 국가 중 하나인 우리나라에서 고작 과학 애호가로서 달성할 수 있는 수준의 목표도 아니다. 만약 과학이라는 경이로움의 금은보화가 튼튼한 금고에 담겨 있다고 가정한다면, 경비가 삼엄한 공간 안쪽에 설치된 거대한 금고 문을 여는 방법을 효율적으로 알려줄 수 있는 전문가들이 교육 현장에는 이미 많이 있다. 다만 금고 근처에도 오지 않는 청소년들이나 금고의 존재 자체를 잊어버린 성인들은 더 이상 금고를 열고자 하지 않는다. 이제 남은 방법은 하나다. 어떻게든 금고 안에 들어 있는 내용물이 무엇인지 알려줘야 한다. 이 책은 일단 금고만 열면 얼마나 훌륭한 광경이 펼쳐질 수 있는지를 반복해서 이야기한다. 과학자가 얼마나 멋지고 과학이 얼마나 경이로운지, 결과만이 아니라 과정을 이야기하고, 성공만이 아니라 실패에도 초점을 맞춘다. 앞으로 얼마나 빠르고 정확하게 금고를 열 수 있을지는 알 수 없지만, 아마도 태어나서 스스로 금고 앞에 서는 첫 경험을 하게 될지도 모른다. 그리고 결국 금고는 아주 조금씩 열릴 것이다.

과학적 시선을 통해 해상도가 달라진 또렷한 눈으로 세상을 좇으며 매일매일 가슴 뛰는 과학으로 가득한 삶을 살아가는 사람이 늘어난다면, 인류는 이전과는 전혀 다른 새로운 차원으로 나아갈 수 있다. 다시 말하지만, 과학은 결코 쉽고 재미있지 않다. 하지만 이미 세수와 양치를 마친 그대라면 어쩔 수 없이 익숙해져 버린 상쾌한 과학의 세계가 완전히 새롭게 다가올 것이다. 한번 깨고 나면 한밤중까지 침대 위 보드라운 이불의 촉감이 전혀 생각나지 않을지도 모른다. 이런 게 바로 그대가 기다리던 과학 허세다.

진짜가 나타났다

"요새 많이 피곤하지? 내가 기막힌 선물 하나 줄게. 이게 '디톡스 발바닥 독소 제거 패치'라는 건데, 이걸 양쪽 발바닥에 붙이고 누워서 자기만 하면, 몸에 있는 독소와 노폐물이 전부 빠지고 심지어 종아리 살이 빠지는 다이어트 효과도 있어. 이것 좀 봐. 내가 찍은 사진인데, 어제 붙이고 자고 일어났더니 새카맣게 변했어. 독소가 다 빠진 것 같아. 너도 붙여줄게."

마음은 고맙지만 발바닥에서 시커먼 독소와 노폐물이 빠질 정도라면 어디 거대한 구멍이라도 있어야 할 것 같은데. 피부를 뚫고 그 엄청난 독소와 노폐물이 빠지려면 이미 피부 자체가 거의 걸레가 된 상태일 것이다. 여기서 말하는 독소를 한번 분석해보자. 제품에 적혀 있는 독소의 종류는 세 가지 정도 되는 것 같다. 나트륨, 요소, 콜레스테롤⋯ 듣기만 해도 심각한 독성물질들이다. 이 무시무시한 것들을 진짜로 빼내기만 한다면 건강해질 것 같다.

그럼 잠시 다른 독성물질들도 한번 보자. 옥타데칸산, 옥

탄산, 페닐알라닌, 도코산산, 포름알데히드, 벤젠 유사체, 황화합물… 어휴, 듣기만 해도 독소 냄새가 진동을 한다. 그런데 방금 언급한 모든 것은 달걀에 포함된 성분이다. 달걀이 이렇게나 무서운 음식이었구나. 달걀말이 잘못 먹었다가 돌연사 할 수도 있겠어. 맞다, 지금 장난치고 있는 거다.

과학이 친숙하지 않은 대부분의 사람들은 이처럼 뭔가 생소한 화학물질의 이름만 들어도 무조건 해로운 것이라고 생각한다. 그래서 발바닥에서조차 독소를 뽑아내게 된다. 사실 앞서 말한 나트륨, 콜레스테롤 등을 우리는 매일 배출하고 있다. 이걸 오줌을 싼다고도 하고 땀을 흘린다고도 표현한다. 발바닥 패치 역시 자연스럽게 배출된 땀을 흡수하고 땀과 반응하여 그 흔적을 검은색으로 남기는 것뿐이다.

우리 주변에는 크고 작은 유사과학, 사이비과학들이 많다. 이들이 무조건 나쁘다는 것은 아니다. 무언가를 믿고 의지하고 열정적으로 주장하는 것은 전혀 나쁜 일이 아닐지도 모른다. 다만 이걸 과학이라고 하면 확실하게 나쁘다. 적어도 과학은 아니니까.

예전에 바르고 고운 말을 쓰자는 교훈을 주는 유사과학도 있었다. 물을 두 컵 따라놓고, 한쪽 컵에는 칭찬과 좋은 말을 해주고 다른 쪽 컵에는 욕설을 해주었다. 칭찬해준 물을 얼려보니 예쁜 얼음 결정이 되었고 욕을 먹은 물 분자들은 일그러진 흉한 모습으로 얼었다고 한다. 얼음 결정의 모양은 매우 다양하게 나타날 수 있기 때문에 골라서 사진만 잘 찍으면 그럴듯한 결과처럼 보였을 것이다. 그럼 이런 건 어떨까. 물에게 매일 "쓰빠씨바"라고 말해주는 것이다. 우리말로는 욕이라고 오해할 수 있겠지만 러시아어로 고맙다는 뜻이다. 이 물은 어떻게 될까? 글로벌 물은 예쁜 결정을 만들고 토종 물은 흉한 결정을 만드는 걸까?

유사과학은 사람을 낚는 사이언스피싱이다. 그저 공기만 휘저을 뿐인 선풍기가 사람을 질식사시키기도 하고, 옥매트나 게르마늄 팔찌에서 나오는 흔해 빠진 원적외선이 뜬금없이 면역력을 높여주기도 한다. 방귀에 들어 있는 황화수소가 몸 안의 세포를 보호한다는 연구 결과는 마치 방귀가 암을 예방할 수 있는 것처럼 누군가에 의해 재생산된다.

"같은 조건에서 누구나 동일한 수준의 관측 결과를 얻을 수 있는 것이 과학이다."

이 말을 먼저 마음에 새기고 이 책을 읽어보자. 당신은 이제 적어도 어리숙하게 가짜과학에 넘어가지 않을 수 있다.

혼자만 알고 있지 말고 안타까운 마음으로 주변에 저런 피싱에 낚여서 돈과 시간을 낭비하는 친구도 도와줘보자. 그 과정은 허세가 될 수도 있고 '척'이 될 수도 있으며 그냥 썰이나 푸는 걸로 보일 수도 있겠지만 나름 멋진 일일 것이다.

과학 용어가 나오면 급격하게 위축되거나 잘 모르니 일단 믿고 보는 사람들을 상대로 많은 잘못된 '썰'들이 돌아다닌다. 그렇다고 오직 과학자들만 맞고, 과학만 고귀하다고 말하는 것이 아니다. 당연히 틀릴 수 있다. 지난 수백 년간 과학자들은 셀 수 없을 만큼 많이 틀려왔다. 그리고 그들의 틀린 가설들을 통해 인류는 진리로 계속 나아가고 있다. 단지 과학자가 아닌 우리가 일상에서 사이비든 아니든 '과학'이라는 이름의 것을 접할 때, 보다 정교한 사고과정이 종종 생략된다는 사실이 아쉬울 뿐이다.

과학을 어설프게 아는 것이 위험하다고들 한다. 과학을 사랑하는 입장에서 어설프게라도 아는 것은 그리 나쁜 일이 아니라고 생각한다. 아예 아무도 관심을 갖지 않는 것이 사실 가장 무서운 일이기 때문이다. 어쨌든, 아무리 어설프게 알아봐야 집에서 실수로 핵폭탄을 만들지는 못할 테니까.

이 책으로 과학의 '깊이'를 깨우치는 건 어려울지도 모른다. 과학자가 들려주는 쉽고 재미있는 과학이야기라고 말하기도 좀 낯간지럽다. 그저 가볍게 지나가다 들르는 편의점에 진열된 뚱뚱한 바나나 우유 같은 과학책이 되었으면 좋겠다. 매일 반복되는 일상이 지루할 때, 호기심이라는 빨대를 꽂아 쪽 한 모금 빨아 마시면 입안 가득 달콤한 과학이 터지길 빈다.

1부

ORBITAL

RECORDS

BESPOKE

INSPIRE

TRAVEL

인간은
가지 않은 길을
궁금해하지

술이 당신을
마시는 이야기

알코올의 과학

지금은 어느 기쁨도 슬픔이 되고

포도주 잔마다 독이 된다.

홀로 있다는 것,

홀로 당신 없이 있다는 것,

그것이 이리 쓰린 것은 미처 몰랐다.

- 헤르만 헤세의 「그대 없이는」

　간단히 말해서 술이 몸에 좋지 않다는 말이다. 기분 좋을 때 먹어도 종종 동물로 변하는 부작용이 나타날 텐데, 이별의 아픔을 겪고 난 이후에는 당연히 더욱 안 좋을 것이다. 그런데 술이 몸에 좋지 않다는 것이 과연 사실일까? 어느 정도 마시면 적당한 걸까? 경고 문구에 나와 있지도 않고 말이다.

경고: 지나친 음주는 간경화나 간암을 일으키며, 운전이나 작업 중 사고 발생률을 높입니다. 또한 알코올 중독을 유발할 수 있습니다.

우리가 좋아하는 술은 알코올의 한 종류로, 과학자들은 '에탄올'이라 부른다. 당연히 나를 비롯한 과학자들도 이 에탄올을 즐긴다. 물론 그렇다고 해서 실험실에서 알코올램프 뚜껑을 열고 벌컥벌컥 마시는 것은 아니다. 알코올램프에는 메탄올이 섞여 들어 있어서 '그놈이 그놈'이라는 생각으로 무심코 마셨다가는 내장이 포르말린 용액으로 박제되는 상쾌한 경험을 할 수 있기 때문이다. 메탄올이 산화되면 포름알데히드가 나오는데, 포름알데히드를 함유한 포르말린 용액은 소독제·방부제·살충제 등으로 쓰인다.

에탄올 한 잔 → 간으로 이동하여 분해 → 아세트알데히드 등장 → 뇌의 통제 이상
메탄올 한 잔 → 간으로 이동하여 분해 → 포름알데히드 등장 → 눈이 멀거나 사망

순도 100퍼센트의 에탄올만 알코올램프에 담았다면 마셔도 약간의 숙취만 있고 좋았을 텐데 왜 굳이 메탄올을 섞어놓았을까? 정당한 유통경로로 판매되는 모든 술에는 세금이 붙어 있기 때문이다. 그런데 실험실마다 흘러넘치는 에탄올을 누군가 물에 희석시켜 음주용으로 판매한다면, 술의 유통에 큰 문제가 발생할 수 있다. 그렇다고 실험 재료에 술과 같이 세금을 매길 수도 없지 않은가? 그래서 세금이 붙지 않는 에탄올은 함부로 마실 수 없도록 메탄올을 섞어둔다. 야속하지만 자칫 혼란을 가져올 수 있는 문제를 간단히 해결하는 훌륭한 아이디어인 셈이다.

술을 과도하게 마시면 소위 '개가 되는 사람'의 이야기를 우리는 종종 듣는다. 이 이야기는 어디에서 시작된 것일까? 이를 확인하기 위해서는 진지하게 에탄올 그 자체에 집중해야 한다.

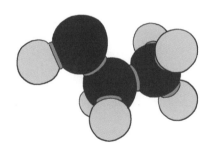

개와 닮은 분자모형 그림
(더 이상의 자세한 설명은
생략한다)

에탄올의 화학식은 C_2H_5OH로 그 분자모형은 그림과 같다. 우리는 개 모양의 분자를 마시고, 모두가 그렇게 개가 되어갔던 것이다. 물론 개는 수만 년 전 늑대를 길들이면서 발생한 매우 유익한 반려동물 종이고, 함부로 '개가 되는 사람'이라는 말을 쓰기엔 미안한 존재다(사실 만취한 사람들의 행동거지는 개보다는 팔다리를 미친듯이 흔들어대는 풍선 인형에 가깝기도 하다). 간단한 이공계 실험실 유머라고 생각하고 넘어가주길 바란다.

+

어디 사는 누군가가 굉장히 오랜 세월을 건강히 보냈고 그의 장수 비결이 규칙적인 음주였다는 기사들을 간혹 본다. 세계에서 가장 장수한 기록을 보유하고 있는 잔 칼망 할머니(1875~1997, 무려 122세)도 점심식사와 함께 반주로 와인을 꼭 한 잔씩 마셨다고 한다. 이 할머니가 90세이던 무렵 자신이 살던 집을 한 변호사에게 팔았는데, 바로 대금을 받는 대신 할머니가 살아 있는 동안 매달 50만 원씩을 받고 사후에 무상으로 집을 넘기는 조건으로 계약을 했었다고 한다. 그런데 결국 변호사가 먼저 사망했고 32년간 변호사가 지불한 돈은 집값의 2배가 넘었다.[*] 잔 칼망 할머니가 이러한 결과를 상상이나 했었을까? 의도치 않게 재테크를 한 셈인데 할머니가 마신 와인이 큰 역할을 한 것처럼 보인다.

심지어 이미 각종 연구들이 건강한 삶을 위한 음주의 당위성을 뒷받침하고 있다. 프랑스인의 역설[**]이라는 표현이 나올 정도로 프랑스인들이 건강한 것은 와인을 즐겨 마시기 때문이라는 소문이 여기저기 퍼져 있다. 최근에는 미국 샌디에이고대학교에서 술을 많이 마신 사람일수록 뇌도 건강하다는 얘기까지 나왔다. 연구 결과, 하루 3잔씩 독한 술을 매일 마신 사람들은 85세까지 치매에 안 걸린다는 것이다. 한국야쿠르트는 '14가지 유기농 건강주스 하루야채'가 아니라 소맥이 섞인 '하루독주'를 하루 빨리 유통해야 하는 상황인지도 모른다. 이쯤 되면 술을 정기적으로 마시지 않는 사람이 오히려 자기 관리를 못하는 얼간이인 것은 아닐까 하는 생각도 든다.

---

[*] "Jeanne Calment, World's Elder, Dies at 122", 《The New York Times》, Craig R. Whitney, 1997.

[**] 프랑스인의 역설(French paradox)은 1990년 미국인 기자가 만들어낸 신조어로, 프랑스인들이 고지방 식사로 콜레스테롤 수치가 높은데도 심장질환 사망률은 미국인들에 비해 절반 수준인 현상을 말한다.

프랑스인의 역설은 '레스베라트롤'*이라는 물질이 그 근거로 언급된다. 포도 껍질과 포도 씨에 많이 들어 있는 레스베라트롤은 물보다 술에 잘 녹기 때문에 와인에 많이 들어 있는 것으로 알려져 있다. 그리고 동물 실험을 통해 확인된 이 물질의 효과 중 하나가 바로 노화를 방지하는 것이다. 다만 효과를 제대로 보기 위해서는 하루에 30병 정도의 와인을 마셔야 한다는 것이 문제라면 문제다. 하루 한두 잔의 섭취가 과연 얼마나 도움이 될지는 모르겠지만 우선 어떻게든 마셔야겠다는 생각이 든다면 어쨌든 와인이 답이다.

＋

　여기까지만 읽고 바로 아껴두었던 와인을 꺼내 코르크에 오프너를 돌려 넣고 있다면, 우선 아까운 와인을 버리게 해서 미안하다는 사과를 전한다. 방금 언급한 이러한 연구 결과들을 전부 신뢰할 수는 없기 때문이다. (그리고 당연히, 적당

---

* 　식물이 만들어내는 레스베라트롤(Resveratrol)은 항암, 항바이러스, 수명 연장 등에 효과가 있다고 하나, 인체에 미치는 독성이나 장기 복용 시의 부작용 등에 대해서는 아직 명확히 보고된 바가 없다.

한 음주도 건강에 좋지 않다는 연구들도 진행되고 있다.)

캐나다 빅토리아대학교에서 술의 긍정적인 효과에 대한 주장을 해오던 기존 논문들을 대상으로 검증 작업을 진행했는데, 연구에 참여한 조사 대상자들을 선정하는 과정에서 문제가 있었다는 사실이 밝혀진 바 있다.* 다음 두 집단을 보자.

A집단: 술을 전혀 입에 대지 않는 사람들
B집단: 술을 하루에 한두 잔 정도 마시는 사람들

원래는 이렇게 두 집단을 놓고 비교를 해야 하는데 실제로 A집단에는 술을 많이 마시다가 건강이 너무 안 좋아져서 어쩔 수 없이 술을 끊은 사람들이 다수 포함되어 있었다. 즉, 술을 마시고 싶어도 마시면 안 되는 위기의 사람들을 마치 술을 마시지 않는 건강한 사람들인 것처럼 두고, B집단과 건강 상태를 비교했던 것이다. 이후 A집단에서 술을 마시다가 건강 악화로 끊은 사람들을 제외하고 다시 비교해보니, 실제로는 술을 거의 마시지 않는 사람이 가장 건

---

* 「Alcohol Consumption and Mortality From Coronary Heart Disease: An Updated Meta-Analysis of Cohort Studies」, Jinhui Zhao, 2017.

강하다는 결과가 나왔다.

또 다른 예시를 보자. 미국에서 적당한 음주가 뇌 노화 방지에 효과가 있다는 연구 결과가 나왔다. 그런데 영국에서는 적당량의 음주도 뇌의 인지 기능에 손상을 일으킨다는 반대의 결과가 나와버렸다. 나라마다 음주라는 단어의 정의가 다른 걸까? 미국에서 마시면 건강에 좋다가도 영국에서 마시면 갑자기 해로운 걸까? 워싱턴 댈러스 공항에서 런던 히스로 공항으로 가는 중에 비행기 기내에서 마시는 와인은 그럼 반만 이로운 걸까? 도대체 누구의 말을 믿어야 하는 걸까?

인간의 수명, 인류의 삶과 관련된 연구는 왜 이렇게 불확실한 것들이 많은지 불평을 할 수도 있겠다. 하지만 어쩌겠는가. 지구의 나이를 60초로 환산하면, 유인원부터 시작해봐야 인간은 고작 0.001초라는 찰나의 순간을 지났을 뿐이다. 아직 인간 그 자체는 증거 불충분으로 기소유예 상태인 셈이며 아쉽게도 과학이라는 실험대에 충분히 오르지 못했다.

아무튼 이런 혼란에 결판을 내기 위해 미국 국립보건원에서 총대를 멨다. 매번 음주가 건강에 미치는 영향에 대한 연구는 일부 한정된 대상으로만 진행되었었는데, 이번에는 미국, 유럽, 아프리카 등 16개 도시에서 8,000명 이상을 선발하여 6년 동안 대규모 국제 실험을 시작할 계획이라고 한다. 드디어 짙은 안개가 깨끗하게 걷히리라 기대되겠지만 아쉽게도 그렇지 못할 확률이 매우 높다. 이 실험의 임상실험비만 1억 달러(한화 1,000억 원 이상)가량이 소모될 텐데, 이 중에 70퍼센트 이상의 연구비가 세계 최대 주류업체들로부터 기증될 예정이다.* 당신이 주류업체 사장이라면 과연 음주가 해롭다는 연구의 결과가 그대로 나오도록 팔짱을 끼고 지켜볼 수 있을까? 개인적으로 나는 연구의 순수성을 아무리 강조해도 후원자가 자신에게 불리한 결과가 나오도록 방관하기 어려우리라고 보지만, 어쨌든 연구 결과를 신뢰할지 여부는 당신의 몫이다.

※

소량의 음주를 즐기는 사람들이 그렇지 않은 사람들에 비해 장수하는 비결은 술이 이로운 작용을 해서가 아니라 전자에 해당하는 사람들의 사회적 지위, 교육 및 생활수준

---

* 앤하이저부시 인베브(Anheuser-Busch InBev), 하이네켄(Heineken), 디아지오(Diageo), 페르노리카(Pernod Ricard), 칼스버그(Carlsberg) 등에서 6,770만 달러(한화 722억 원 이상) 기증 예정이다.

등이 상대적으로 더 높기 때문이라는 연구 결과도 있다.[*] 가벼운 음주를 할 만한 충분한 여유가 있다는 게 당신을 건강하게 만드는 원인이 될 수는 있지만, 음주 자체가 당신을 건강하게 만드는 원인이 되기는 어렵다는 말이다. '적당한 음주가 오히려 건강에 좋다'라는 말이 이제 정말 술자리 최고의 허세가 되어버렸다.

아까 따놓은 와인이 이제 충분히 디캔팅되었을 테니 그저 부드럽게 한 모금 들이키자. 건강에 해로우면 어떡하지, 살이 찌면 어쩌지 등 부정적인 이미지 트레이닝은 당신의 몸에 더욱 해로운 노시보 효과[**]를 일으킬 뿐이다. 낙천적인 프랑스인들처럼, 건강한 삶을 꿈꾸는 대신 무엇을 먹고 마시든지 행위 그 자체에서 기쁨을 느껴보자. 장미를 으깬 눈부신 빛깔로 내 잔을 가득 채우는 아름다움은 무엇과도 바꿀 수 없으니까 말이다. 그리고 적당한 음주로 자신의 건강을 널리 자랑해보는 게 어떨까?

›››› 더 볼 거리

---

[*] 「Income, Poverty, and Health Inequality」, Dave Chokshi, 2018.

[**] 플라시보 효과의 반대되는 개념으로, 해롭다는 믿음으로 인해 실제로 부정적인 영향을 받는 효과.

심해에서
온천여행을
즐겨보자

심해의 과학

수영을 웬만큼 하는 편인가? 스노클링이나 스쿠버다이 빙은 해본 적 있는가? 다이빙을 해봤다면 얼마나 깊이 들어가봤을지 궁금하다. 물의 정령까지는 아니더라도 태생이 물과 친한 사람들이 종종 있다. 그들이 무더운 여름날 모여서 가냘픈 경험담을 나눌 때 자랑처럼 빠지지 않는 이야깃거리 중 하나는 얼마나 자주, 그리고 깊이 들어가봤는지에 대한 주관적인 수치다. 물론 그 수치를 모두 모아봐야 지금부터 이야기하려는 위대함의 1퍼센트도 채 되지 않을 것이다.

다이빙 마스크와 오리발을 차고 불가사리를 만지작거리다 보면 당신이 보고 있는 곳이 바다의 중심인 것처럼 착각이 들기도 하겠지만 턱도 없는 소리다. 일반적으로 수중 산책을 나갈 수 있는 바다는 전체 바다의 5퍼센트밖에 되지 않는다. 나머지 95퍼센트의 바다는 당신이 목숨을 걸어도 보기 힘들다. 지구 표면의 70퍼센트 이상을 바다가 차지하고 있고 최대 깊이는 1만 미터가 넘는다는 점을 기억하자. 별로 안 깊어 보인다고? 날고 기는 '높은 것'들 사이에서 상징적인 의미를 가진 에베레스트산도 고작 8,848미터에 불과하다. 일반적인 항공기가 날아다니는 높이만큼 물이 깊은 것이라고 생각하면 어쩌면 실감이 날지도 모르겠다.

그럼 〈토이 스토리〉의 우디가 밧줄을 타고 욕조 속으로 들어가듯이 한번 차근차근 내려가보도록 하자. 밧줄의 길이는 마리아나 해구*에서 가장 깊은 곳을 기준으로 한 1만 990미터로 하자. 아래로 300미터 정도 내려가서 제일 먼저 도착하는 곳에서 인간의 한계에 도전한 스쿠버다이버들을 만날 수 있다. 사실 여기까지는 머릿속으로 풍경을 그리며 따라 내려올 만하다. 자연 다큐멘터리 방송에서 자주 보던 형형색색의 물고기들이 한가롭게 소풍을 다니고 있으

---

*   태평양 북마리아나 제도의 동쪽에서 남북 방향으로 길게 뻗은 해구. 익히 알려진 아마존 밀림처럼 마리아나 해구 역시 다량의 온실가스를 흡수하고 있어 지구의 또 다른 허파로 여겨진다.

며 가끔 좌초된 잠수함의 잔해들도 볼 수 있다.

1,000미터를 지났다. 이 정도까지만 와도 완벽한 암흑이 펼쳐진다. 그래서 여기서부터는 희박한 빛을 잘 모을 수 있도록 특이한 눈을 가진 녀석들이 많다. 우리에게 어둠은 익숙한 대상이지만 바닷속 암흑은 뭔가 상상만 해도 끔찍하다. 두려운 것은 어둠뿐만이 아니다. 프랑스의 한 소설가가 시대를 앞서갔던 자신의 작품을 통해 심해의 소위 '짜부라질 것 같은 공포'를 수학적으로 표현했다.

"들어보게. 기압이 10미터 높이 물기둥의 수압과 같다고 하세. 현실에서는 1기압과 맞먹는 물기둥의 높이가 더 낮을 거야. 바다는 소금물인데, 소금물은 민물보다 밀도가 높으니까 말일세. 그런데 자네가 물속에 들어가면 자네 몸은 10미터 내려갈 때마다 1기압에 해당하는 압력을 받게 돼. 다시 말해서 체표면적 1제곱센티미터마다 1킬로그램의 압력을 받게 되지. 수심 100미터에서는 이 수압이 10기압, 수심 1,000미터에서는 100기압, 수심 1만 미터에서는 1,000기압이 돼. 다시 말해서 자네가 10킬로미터 깊이까지 내려갈 수 있다면 자네 몸은 1제곱센티미터마다 1,000킬로그램의 압력을 받게 되는 거야."

쥘 베른의 과학소설 『해저 2만 리』의 주인공 아로낙스 박사와 작살잡이 네드의 대화에서 심해에 대한 무궁무진한 상상력을 엿볼 수 있다. 그 시절 많은 아이들은 선장이 되어 노틸러스호를 몰고 깊은 바닷속을 휘젓고 다니는 꿈을 꾸었을 것이다. 소설이 쓰인 1869년 당시는 아직 잠수함이 본격적으로 등장하기 전이었음에도 쥘 베른은 작품을 통해 매우 완성도 높은 묘사를 선보였고 오히려 이 소설이 이후 잠수함 관련 과학기술 발전에 간접적인 영향을 미쳤다. 이렇게 창작자들의 상상력이 연구자들에게 영향을 주어서 과학기술이 발전하기도 하고 반대로 과학기술의 발전으로부터 창작자들이 영감을 얻어 새로운 창작물을 만들어내기도 한다. 또, 그 창작물을 연구자들이 재미있게 읽고 다시 실현 가능성을 실험해본다. 연구자와 창작자들이 오랜 시간 알게 모르게 협업해온 셈이다.

✦

이제 시작인데 겨우 수압 따위로 멈추어서는 안 될 말씀이다. 수심 2,000미터에서부터는 지구 역사상 존재했던 육식동물 중 다섯 손가락 안에 들 만큼 거대한 녀석들이 등장한다. 바로 쫄깃한 대왕오징어를 즐겨 씹는 향유고래*다. 영어로는 정액고래Sperm whale라고 하는데, 이 녀석들 머릿골에서 짜낸 기름인 경뇌유가 선원들이 보기에 끈적끈적한 것이 마치 정액(여러분이 알고 있는 그것) 같아서 그렇게 불렀다는 이야기가 있다. 이 고래의 길이는 사람 키보다 10배 이상 크고 무게는 50톤에 육박한다. 이렇게 거대한 동물이 과연 어떻게 심해에서 짜부라지지 않고 버틸 수 있을까?

심해 생명체를 지상으로 가져오면 이를 누르던 압력이 갑자기 약해져서 반대로 몸이 폭발할 것이라는 심해어 폭탄설, 심해어는 엄청난 압력을 견딜 만큼 딱딱하기 때문에 웬만한 공격으로는 피부에 생채기 하나 못 낼 것이라는 심해어 갑옷설 등을 들어본 적이 있을 것이다. 더 깊이 내려가기 전에, 이러한 이야기들이 과연 과학적으로 근거가 있는지 풀어보자.

풍선을 들고 산꼭대기로 올라갈수록 지상보다 기압이 낮기 때문에 밖에서 풍선을 누르는 힘이 약해지고 풍선 안쪽에서 미는 힘이 상대적으로 강해져서 풍선이 점점 부풀어오를 것이다. 이처럼 기체는 압력에 따라서 매우 급격하게

---

* 이 고래의 토사물이나 똥은 '용연향'이라는 물질을 생성하는데, 고급 향수에 사용된다.

변화한다. 그리고 대부분의 물고기들은 이렇게 불안정한 기체가 들어 있는 신체기관을 보유하고 있다. 이 기관이 바로 부레다.

부레는 물속에서 물고기가 상하로 이동하기 위해 갖고 있는 공기주머니다. 깊은 곳을 향할 때는 공기를 빼내어 몸을 무겁게 하고 위로 올라갈 때는 공기를 채운다. 그러나 심해에서 공기주머니를 달고 다니다가는 몸이 납작하게 찌그러지기 쉽다. 수압이 너무나 강하기 때문에 공기와 같은 기체가 버틸 수 없기 때문이다.

하지만 풍선 안에 있는 물질이 기체 대신 액체나 고체라면 이야기는 달라진다. 똑같이 산꼭대기에 올라가도 물이 든 풍선의 크기는 쉽게 변하지 않는다. 그래서 심해 생물들은 기체 대신 액체인 기름을 채워서 부레로 사용한다. 기름도 물보다 비중이 작기 때문에 충분히 자신의 몫을 해낸다. 향유고래 역시 선원들이 정액으로 착각했던 경뇌유를 굳혔다가 녹였다가 하면서 물속에서 잠수하는 깊이를 조절한다. 보통 90분 이상 잠수를 할 수 있으며 잠수 중에 공기를 거의 흡입하지 않아서 심해의 강한 수압을 견딜 수 있다.

같은 이유로 심해 생물들은 자신들의 몸속을 빈틈없이 체액으로 가득 채운다. 혹시 기체가 차지할지도 모를 위험한 빈 공간을 완전히 없애고 안정적인 액체를 몸 안으로 받아들이면서 깊은 바닷속에서 영원한 안식을 얻게 된 것이다. 물론 자연 상태에서만 해당되는 말이다. 심해 환경을 완벽하게 재현한 수족관이라고 해도 이곳에서 심해 생물은 극도의 스트레스성 원형탈모(?)와 함께 돌아올 수 없는 강을 종종 건너고 만다.

심해를 누구보다 좋아하던 호기심 많은 한 소년이 있었다. 캐나다 내륙의 작은 마을에 살던 이 소년은 바다를 너무 좋아한 나머지 열다섯 살에 스쿠버다이버가 되기로 결심했다. 가장 가까운 바다가 자동차로 10시간 이상 걸리는 거리에 있었지만, 결국 아버지를 졸라 한 YMCA회관 수영장에서 스쿠버다이빙 자격증을 받았다. 수십 년 후 그는 설계 단계부터 참여했던 1인승 유인 잠수정을 직접 타고 북태평양 마리아나 해구로 내려가 세계 최저 깊이의 잠수 신기록을 세웠다. 바로 영화 〈아바타〉, 〈타이타닉〉 등으로 유명한 제임스 캐머런 감독의 이야기다.

4,000미터 가까이 내려가보면, 감독 본인이 직접 촬영한 영화 〈타이타닉〉*의 첫 장면에 나온 난파한 타이타닉호의 모습을 실제로 만날 수 있다. 이분이 얼마나 '심해덕후'냐면 〈타이타닉〉을 찍게 된 진짜 이유가 바로 난파한 타이타닉호까지 공짜로 잠수해서 가보기 위해서였다고 우스갯소리를 했을 정도다. 참고로 〈스펀지밥〉의 모티브가 되는 해면동물도 여기쯤에서 주로 살고 있다.

6,000미터까지 내려가면 이제 반을 넘게 왔다고 보면 된다. 이미 평균 바다 깊이는 넘어섰고 연구탐사 목적으로 개발된 러시아의 잠수정 미르호가 가장 깊이 잠수한 곳까지 온 것이다. 방금 전에 얘기한 제임스 캐머런 감독도 타이타닉호를 찍기 위해 미르호를 임대했었다. 때로는 원격 조종 탐사선으로, 가끔은 유인 잠수정으로 지속적인 탐사를 진행해온 결과, 20세기 전까지 죽음의 장소로만 여겨졌던 심해가 이제는 지구상에서 가장 다양한 생물이 살고 있는 만물의 보고가 되었다. 우글거리는 성게와 해삼은 진흙과 퇴적물을 걸러 먹고 있고 작은 벌레나 불가사리, 조개, 갑각류들도 빼곡하게 들어서 있다.

---

* 1912년 타이타닉호 침몰 사고를 각색한 영화로 실제 인물과 허구 인물이 등장하며, 다큐멘터리 기법을 활용하여 아름다운 사랑 이야기에 무게감을 부여했다.

이쯤 오면 발광기(빛을 내는 장치)를 보유한 생물들이 현저하게 줄어든다. 나름 위쪽에서는 발광기를 통해 서로 알아보기도 하고 먹이를 유인하기도 하는데, 이만큼 내려오면 엄청나게 넓은 암흑 심해가 펼쳐져 있는 관계로 발광기조차 전혀 쓸모가 없다. 어차피 안 보이는 마당이라 시각조차 포기해버리고 차라리 극도로 초월적인 감각기관을 발달시켰다. 사냥터는 끝없이 넓은데 먹잇감 만나기가 하늘의 별 따기다 보니 불필요한 에너지를 쓰지 않도록 크기가 작아졌으며 한곳에 말뚝 박고 버티기를 하거나 한량처럼 그냥 둥둥 떠다니는 녀석들이 많다. 심지어 연애도 하기 귀찮아서 그냥 자웅동체로 산다.

70년간 아무것도 먹거나 마시지 않고 살아온 인도의 83세 기인에 대한 기사*를 본 적이 있다. 독일의 한 과학자는 생활에 필요한 에너지를 음식이 아닌 광합성을 통해 얻어 4년 동안 잘 살아왔다고 한다. 인간 세상에서는 〈신비한 TV 서프라이즈〉에 나올 만한 이야기지만 심해에서는 흔한 일이다. 먹이를 전혀 먹지 않고 의젓하게 잘 살고 있는 생물들이 이곳에 있다.

---

* "Fasting fakir flummoxes physicians", <BBC News>, Rajeev Khanna, 2003

이 깊은 곳에는 열수분출공*이라는, 일종의 심해 생물들의 놀이터가 있는데 거의 사막의 오아시스나 다름없는 곳이다. 당연한 이야기지만 심해에는 독일 과학자가 광합성할 만한 태양조차 없다. 지상의 생명체들이 태양으로부터 에너지를 받듯이 심해의 생물들은 바로 이곳을 근원으로 생존한다. 열수분출공에서 뿜어져 나오는 황을 먹고 사는 세균들이 있는데 이들이 똥을 싸면 그게 바로 심해 생물들이 먹을 수 있는 탄수화물이다. 태양의 광합성이 없이 탄수화물을 만들어낼 수 있는 것이다. 역시 이가 없으면 잇몸으로 사는 게 세상의 진리다.

8,000미터 밑으로는 계속 해구가 이어진다. 이곳에는 그다지 특별한 녀석들이 없다. 이미 여기서 살아 있는 것 자체가 특별하긴 하지만 크기도 작고 외모도 평범하다. 수압이 평방미터당 8,000톤이나 되고 수온은 빙점이다. 이런 최악의 상황에서 나름 헤엄도 꽤 잘 친다. 역시 어디에서나 가장 평범한 것이 강하다는 진리를 알 수 있다. 그럼에도

---

* 섭씨 450도 가까이 되는 뜨거운 물이 지하로부터 솟아나오는 구멍.

대부분의 녀석들은 움직이기가 귀찮아서 바닥에 떨어진 걸 주워 먹거나 다른 생물 시체를 먹으면서 산다.

아주 깊은 곳의 해구들은 서로 이어져 있지 않아서 해구마다 전혀 새로운 종이 자리를 잡고 있다. 심해에서는 이민 가기가 쉽지 않기 때문이다. 그런데 놀랍게도 전혀 다른 종이 분명한데 외형이 너무 비슷한 경우가 있다. 이게 무슨 뜻이냐면, 사막에서 만난 낙타의 사진을 찍어서 화성*으로 가져갔는데 그곳에 똑같이 생긴 외계생물이 있는 꼴이다. 전혀 만날 수가 없는 상황인데 환경 때문에 비슷한 형태와 특징을 갖게 된 것으로 보인다.

현재 지구상에 알려진 생물종은 190만 종으로 추산한다. 물론 심해 생물체들은 제외한 수치다. 만약에 심해의 바글거리는 악동 같은 이 녀석들을 모두 합치면 30배 이상 늘어날 것으로 추정하기 때문에 『생물 대백과사전』**을 처음부터 다시 적어야 할 수도 있다. 아마도 보통 일은 아닐 것이다.

몸이 찌뿌둥한 날이면 뽀얀 연기가 모락모락 올라오는 온천에 몸을 푹 담그고 나른한 고양이가 되고 싶다. 일단

---

* 경기도 화성이 아니라 태양계 네 번째 행성 화성.

** 런던자연사박물관, 하버드대학교, 미국해양생물연구소 등 세계 우수 연구기관 10곳이 협력하여 포유류를 비롯해서 곤충, 박테리아, 곰팡이 등 지금까지 발견된 모든 생물의 목록을 작성하는 프로젝트.

온천탕 안으로 온몸을 밀어넣고 나면 부력 때문에 체중이 가벼워져서 다리와 허리에 가해지는 부담이 현저하게 줄어든다. 게다가 혈액 순환도 잘되고 수압에 의해서 말랑말랑한 똥배나 허벅지 같은 부위가 자연스럽게 마사지되기 때문에 몸이 노곤해질 수밖에 없다. 가끔 열수분출공에서 뛰어노는 심해 생물처럼 뜨거운 물에 몸을 기대어보자. 아마 잠깐 조는 여유로움 속에서 기분 좋은 꿈을 꿀 것이다. 심해공포증이 없다면 말이다.

▸▸▸ 더 볼 거리

처음 만나는
블랙홀

블랙홀의 과학

목욕을 마치고 욕조의 배수구 마개를 들어 올리면, 괴기스러운 소리와 함께 천천히 물이 빨려나간다. 저 안으로 들어가면 어떻게 될까? 우리를 지탱하고 있는 발목은 겨우 이만한 흐름에 휩쓸릴 정도로 약하지 않겠지만 만약 배수구에서 아주 거대한 힘이 우리를 끌어당긴다고 상상해보면 끔찍하다(평소 씻는 걸 싫어해서 이런 생각을 하는 것은 아니니 오해는 하지 않길 바란다). 우리가 과거에 알고 있는 대부분의 블랙홀 모습은 바로 이와 비슷했다. 영화 〈인터스텔라〉* 이전의 영화나 만화에 등장했던 블랙홀은 대부분 검은 구멍으로 묘사되었다. 하지만 각본가인 조너선 놀런은 블랙홀을 가장 현실적으로 표현하기 위해 무려 4년을 캘리포니아 공과대학*에서 공부했고, 형 크리스토퍼 놀런 감독과 함께 새로운 형태의 블랙홀을 영화 속에서 표현해냈다.

사실 블랙홀은 우주에 난 구멍이 아니다. 욕조 구멍도 아닌 것이 왜 감히 멀쩡한 다른 물질들을 빨아들이는 걸까? 1초에 지구를 7바퀴 반을 돌 만큼 빠른 녀석인 빛조차도 블랙홀을 벗어날 수는 없다는 것은 익히 알려져 있다. 블랙홀이 만드는 중력이라는 구덩이 때문이다. 이놈의 구덩이는 깊이가 너무 깊고 경사가 가파르기 때문에 누구도 빠져나갈 수 없다. 그렇다면 우주 한복판에 왜 구덩이가 생길까? 여기까지 왔다면 이제 당신은 생각의 지평을 넓힐 수 있는 기회를 잡은 것이다. 블랙홀이 단순히 구멍이 아니라 한물간 별의 변사체라는 진실을 알 때가 되었다.

블랙홀의 원래 이름은 어두운 별**이었다. 맞는 말이다. 이미 죽은 별이며, 빛조차 탈출을 하지 못했으니 당연히 어

---

* MIT와 함께 쌍벽을 이루는 미국 최고의 명문 대학. 흔히 줄여서 '캘테크(Caltech)'라 불린다.

** 과거 영국에서는 어두운 별(Dark star), 구소련에서는 얼어붙은 별(Frozen star)이라고 통칭했다.

두웠다. 이 죽은 별의 독특한 특성 때문에 어느 시점부터 우리는 이 별의 시체를 블랙홀이라고 부르기 시작했다.

✦

　제대로 블랙홀을 이해하기 위해서 우리가 쉽게 이해할 수 있는 대상으로 주인공을 바꿔보자. 그 주인공은 우리 발밑에 항상 존재하는 지구다. 우리가 지구 위에서 걷기도 하고 축구도 하고 극장에 앉아서 영화도 볼 수 있는 이유는 지구가 우리를 꽉 붙들고 있기 때문이다. 지구가 찍찍이 같은 접착테이프로 우리 발바닥을 지구 표면에 붙여둔 것은 아니다. 지구는 무한하게 떨어지는 구덩이를 우주에 파놓았을 뿐이다. 우리는 그 구덩이로 떨어져야 정상인데 떨어지는 경로에 지구가 자기의 뚱뚱한 몸을 대놓고 있기 때문에 우리는 떨어지는 대신에 지구를 밟고 더 이상 떨어지지 않게 된 것이다. 떨어지는 우리를 지구가 받치고 있는 상황이다. 시공간에 이런 구덩이가 만들어지는 것은 중력 때문이고 구덩이가 빠져나오기 힘들면 힘들수록 '중력이 강하다'라고 말한다. 사실 질량이 있는 모든 물질은 구덩이를 파지만 인류 전체의 질량을 모두 더해봐야 지구 질량에는

46

비교조차 되지 않는다. 우리 몸을 지구라고 했을 때 인류 전체의 질량은 우리가 방금 뱉은 침 속에 사는 균 하나 만큼도 되지 않을 정도다. 그래서 우리는 지구의 중력밖에 느끼지 못한다. 질량이 크면 클수록 구덩이의 경사는 급격해지고, 구덩이에 가까이 접근하면 접근할수록 우리는 훨씬 더 강하게 추락한다.

여기서 다시 새로운 가정을 해보자. 지구의 부피가 천천히 줄어든다면 어떻게 될까. 지구의 뚱뚱한 뱃살이 아주 약간 줄어든다면 아마 우리는 지표면에 서서 뱃살이 줄어들기를 멈추는 순간까지 아래로 추락할 것이다. 뱃살이 줄어들기를 멈추는 순간 우리는 다양한 변화를 겪겠지만 어쨌든 살아남을 수 있을 것이다. 즉, 우리는 지구를 밟고 있지 않는다면 계속 추락하게 된다.

만약 지구가 갑자기 땅콩보다 작은 크기로 줄어든다면 어떨까? 당신은 엄청난 속도로 땅콩으로 변해버린 지구 중심을 향해 곤두박질칠 것이다. 어디 그뿐일까? 지구 표면에 존재하는 모든 생명체와 물질들이 급격하게 추락하다가 한 점에서 모일 것이다. 너무도 강력한 구덩이가 파져 있는 상황에서 서로 간의 거리가 땅콩 크기만큼 가깝기 때문이다. 우리는 속절없이 한 점으로 빨려 들어가버린다. 이게 바로 우리가 알고 있는 블랙홀이다.

일반적인 별은 크기가 있고 중력이 있다. 중력은 계속해서 강력한 구덩이 파워로 별을 한 점에 모아버리려고 애를 쓰고, 별이 점점 압축이 되다 보면 별을 구성하고 있는 물질들이 서로 격렬하게 싸움을 시작한다. 출퇴근 시간대의 지옥철을 상상해보면 좋겠다. 한 칸의 열차에 계속해서 사람들이 들어오기 시작하면 어느 한계까지 압축되다가 어느 순간 더 이상 압축되지 않는(더 이상 압축이 불가능해서 아무도 탈 수 없는) 상태에 도달한다.* 별도 마찬가지로 아무리 중력이 찍어 눌러도 어느 정도 압축되다 보면 더 이상 압축되지 않고 버티는 시점**이 온다. 그래서 별은 그 크기를 유지하며 한참을 밝게 빛난다. 우리의 태양도 그러하다.

만약에 별의 크기가 범상치 않다면 어떨까? 질량이 엄청나게 큰 아주 거대한 별이라면. 더 이상 압축될 수 없는 한계에 도달해서 물질들이 죽겠다고 소리를 아무리 질러도 딱밤을 때려가며 계속 압축시킨다. 참고로 이 한계는 찬드라세카르라는 인도 출신 과학자가 영국으로 배를 타고 여

---

* 간혹 지하철을 자주 이용하는 귀인(貴人)들은 이 한계를 너무도 쉽게 넘어서는 영웅적인 모습을 발현한다.

** 항성 중심으로 향하는 중력과 바깥으로 향하는 복사 압력이 이루는 정역학적 평형에 도달한다.

행하던 중 고작 18일 만에 찾아냈으며("꿇어라, 이것이 너와 나의 눈높이다"), 그의 이름을 따서 찬드라세카르 한계라고 불린다.* 질량이 어느 한계를 넘어서면 중력은 내부의 물질들의 격렬한 싸움도 콧방귀를 끼며 무시해버린다. 물질들이 부딪히며 핵융합 폭발을 일으켜도 마찬가지다. 그냥 묵묵히 한 점으로 압축해버린다. 물론 굉장히 오랜 시간이 걸리긴 하지만 결국 이 별은 거의 한 점에서 모든 질량이 뭉쳐버린 괴물이 되어버린다. 크기는 없고 오직 중력이라는 구덩이만 존재하는 우주의 개미지옥이 되어 호시탐탐 지나가는 모든 것을 잡아먹는다.

이제 블랙홀에 존경을 표하기 위한 모든 준비가 끝났다. 블랙홀이 도대체 어떻게 탄생하는지, 그리고 왜 그렇게 빨아들여대는지에 대해 충분히 허세를 떨며 대답할 수 있다. 블랙홀이 뭐냐는 질문에 그저 죽은 별이라고 여유 있게 대답하자.

✦

---

* 「The Maximum Mass of Ideal White Dwarfs」, Chandrasekhar, 1931.

그런데 우주에 존재하는 평범한 별들을 유명 아이돌의 사생팬처럼 따라다니던 천문학자들은 '평범한 별들'의 블랙홀이 '검은 구멍'과 다르다는 점을 발견했다. 이 이야기를 하기 전에 우선 한 가지 물어볼 것이 있다. 당신은 현재 솔로인가 커플인가? 만약 당신이 지구가 아닌 우주에서 탄생했고 우주의 보편적인 별이라면 이 질문에 눈물을 훔치지 않아도 좋다. 왜냐하면 대부분의 별들은 혼자 존재하지 않고 쌍으로 존재하기 때문이다. 별들의 세계는 커플 천지라는 이야기다. 심지어 막장드라마처럼 삼각관계, 사각관계도 흔하다. 블랙홀을 연구하는 과학자들은 다양한 블랙홀의 후보들을 찾아냈는데 이 중에 커플들이 너무 많았고 이 커플들은 지금까지 설명한 모쏠 블랙홀의 생성과정과는 조금 다르게 만들어진다. 즉, 현실적인 블랙홀은 확실히 검은 구멍과는 차이가 있다.

다시 블랙홀을 요리하기 위해 돌아가보자. 이번에는 거대한 별이 2개, 마치 커다란 수박 2통이 나란히 놓여 있는 모습을 상상하면 될 것이다. 오늘 둘 중에 한 녀석은 블랙홀이 될 것이고 나머지 한 녀석은 한껏 부풀어 오른 개구리 볼때기처럼 점점 커질 것이다. 먼저 커질 녀석의 시점에서 상황을 자세히 보면 터져나가는 신도림역 승강장처럼 중력이 더 이상 버티지 못해 난리가 나 있는 상태다. 계속 커지다 보니 옆의 다른 녀석이 슬슬 나를 빨아들일 준비를 하는 것이 아닌가? 아뿔싸! 급히 정신을 차려보았지만 이미 내 몸은 옆에 있는 녀석에게 빨려 들어가고 있었다.

전원 코드 선을 자동으로 감아주는 청소기의 버튼을 누른 것처럼, 거대한 녀석의 물질은 블랙홀 쪽으로 뱅뱅 돌면서 빨려 들어간다. 빨려 들어가던 물질들이 열심히 주위를 돌면서 들어갈 순서를 기다리다 보면 마치 원반* 모양으로 블랙홀 주변을 감싸게 되는데, 서로 들어가려고 싸우다 보니 자기들끼리 계속 부딪히게 되고 이때 마찰열로 인해 강력한 에너지**가 방출된다. 마치 블랙홀로 끌려 들어가기 직전에 물질들이 내지르는 단말마처럼 느껴지기도 한다. 빨려 들어가는 녀석의 입장에서는 안타까운 일이지만, 우리는 이 에너지 방출을 지구에서 볼 수 있고 이를 통해 블랙홀의 존재를 확신할 수 있게 되었다. 물론 우주에 있는 블랙홀들이 〈인터스텔라〉 속 모습처럼 눈으로 볼 수 있는 밝은 띠를 두르고 있는 것은 아니다. 하지만 영화는 회전

---

* '강착원반'이라 부르며 대량의 물질이 블랙홀을 중심으로 소용돌이치면서 빨려 들어가는 형태.

** 어마어마한 중력 에너지가 우리가 엑스레이 찍을 때 사용되는 X선으로 방출되고, 주변 별들은 초토화된다.

하는 블랙홀이 내뿜는 에너지와 중력렌즈 효과로 블랙홀을 둥글게 감싸며 빛나는 고리를 시각적으로 구현하였다.

블랙홀에 대한 대부분의 호기심은 그 안에 들어가는 것으로 해결할 수 있다. 세상에 어떤 미지의 문이라도 그 안에 무엇이 있는지를 알아내려면 들어갔다 나온 사람에게 듣는 것이 가장 정확할 텐데 블랙홀이라는 놈은 누구도 쉽게 빠져나가도록 그냥 두지 않는다. 우주에서 우리에게 가장 많은 정보를 전해주는 소식통은 빛이다. 이 녀석의 경우 굉장히 다양한 형태로 존재하며 우리에게 우주 곳곳의 뒤담화를 실어 날라주는데 블랙홀에 관한 얘기만큼은 속수무책이다. 일단 블랙홀 안에 한 번 빠지게 되면 빠져나오기 위해서는 굉장히 복잡한 방법*을 거쳐야 한다. 들어올 때는 마음대로였겠지만 나갈 때는 아닌 이곳에 대해서는 결국 들어가는 과정에서 발생하는 무시무시한 유혈사태를 이야기하는 선에서 합의하는 수밖에 없다.

---

* 천재 과학자 스티븐 호킹이 주장한 양자중력이론의 하나인 호킹 복사를 이용하여, 블랙홀에 빨려 들어가기 시작하는 사건의 지평선 경계에서 발생한 양자 요동을 통해 아주 오랜 시간에 걸려서 탈출한다.

그럼 겁이 좀 나겠지만, 블랙홀 근처로 슬슬 가까이 가보자. 점점 다가갈수록 뭔가 잘못되어간다는 느낌을 강하게 받을 것이다. 가까이 가면 갈수록 중력이 급격하게 강해짐을 느낄 수 있다. 이건 단순히 내 몸이 강하게 당겨진다는 개념이 아니다. 거리에 따른 중력의 변화가 너무 극심하게 일어나기 때문에 약간 먼저 출발한 내 오른발과 뒤따라오고 있는 왼발이 받는 힘이 너무도 달라진다. 오른발은 이미 블랙홀에 의해 엄청난 거리를 끌려가고 있는데, 왼발은 아직 블랙홀 안에 제대로 들어가지도 못한 상황이다. 그 사이에 있는 내 몸은 끊어져버릴 것이다.

다만 아주 거대한 블랙홀이라면 블랙홀 안에 진입한 이후에도 몸이 끊어지기까지 시간이 상당히 오래 걸리게 되고 먹고 마실 것만 충분히 준비한다면 늙어 죽을 때까지 몸이 분해되지 않고 버틸 수도 있다. 아인슈타인의 일반상대성이론에 따르면 중력이 강한 블랙홀 근처는 시간이 느리게 흐른다. 그래서 혹시 블랙홀 밖 친구들이 봤을 때는 아주 여유 있게 잘 먹고 잘 사는 것처럼 보일 수도 있다. 외부에서 관측이 가능하다는 전제하에서 말이다.

마지막으로 블랙홀 안으로 들어가기를 원하는 사람의 이야기를 해보고 싶다. 블랙홀 안으로 들어가면 어떻게 되냐는 질문에 유럽입자물리연구소에서 일을 하던 한 여성 과학자*는 이렇게 대답했다.

"저는 정말로 블랙홀 안으로 들어가보고 싶습니다. 중력이 강하면 시간이 느리게 흐릅니다. 극도로 중력이 강한 블랙홀 안에서는 시간이 거의 정지할 것이고, 상대적으로 저를 제외한 모든 시간이 매우 빠르게 흐를 것입니다. 따라서 저는 빠르게 흘러가는 우주의 시간을 관찰할 수 있을 것이며, 결국 우주의 종말을 볼 수 있을 것입니다."

자신의 몸이 어떻게 되는지보다 연구자로서의 호기심이 더 중요하단다. 천생 과학자다.

▸▸▸ 더 볼 거리

---

*   오슬로대학교에서 물리학을 전공한 릴리언 스메스타트. 노르웨이의 도시 릴레스트룀 출신이다.

과거의 당신을
만날 수 있다면

시간여행의 과학

중년을 지나 늦은 사랑에 빠진 연인들은 상상하곤 한다. 젊은 시절의 그 혹은 그녀의 모습은 어땠을까? 이것은 육체적 관계에서 파생되는 호기심보다는 훨씬 고차원적인 것이라고 생각한다. 바로 우리가 잃어버린 시간에 대한 이야기다. 당신이 미처 만나지 못했던, 당신이 없던 시절 당신의 연인은 어떤 모습으로 하루를 보내고 있었을지 무엇을 고민하고 시간을 보냈을지 아련히 떠오르는 것이다. 그러다 보면 자연스레 미래의 우리 모습은 어떻게 될지 생각해 보게 된다.

미래로 가는 시간여행은 매우 간단하다. 이미 시중에 스스로 실행만 시키면 시간여행을 자연스럽게 도와주는 게임들*도 출시되어 있다. 하지만 이런 방법들을 실제로 시간여행의 범주에 넣기에는 많이 부족하다. 우리가 매력을 느끼는 시간여행은 철저하게 시간을 조종하는 주체가 된다는 것인데 여기서는 그런 결과가 나오지 않기 때문이다. 예를 들어 타임머신을 타고 10년 후의 미래에 도착한 당신의 나이는 어제와 동일해야 한다. 그런데 저런 중독성 있는 게임을 통해 도착한다면 당신은 당연히 생물학적인 나이를 그대로 먹고 시간과 함께 늙어간 모습일 것이다.

미래로 가는 다분히 과학적인 시간여행을 위해서는 아인슈타인의 상대성이론이 필요하다. 그는 이미 두 가지의 그럴듯한 방법을 제시했다. 물론 영화나 만화에서 봤던 것처럼 사용자 중심적인 여행을 기대하는 것은 금물이다. 1895년 허버트 조지 웰스**에 의해서 최초로 타임머신이라는 개념이 인류에게 등장한 이래로 120년이 넘는 시간이 흘렀지만, 아직까지도 우리는 '펑' 하고 순식간에 사라졌다가 원하는 시간이 흐르고 있는 세상에 짠 하고 도착하는 모습을 꿈

---

* 정신을 차리니 두 달이 지났다는 3대 악마의 게임 〈문명〉, 〈풋볼 매니저〉, 〈히어로즈 오브 마이트 앤 매직〉.

** 영국의 SF소설가이자 사회학자, 프랑스의 쥘 베른과 함께 SF소설 분야의 가장 위대한 선구자.

꾼다. 하지만 실제로 당신이 사라졌다가 다시 나타나는 것은 불가능하다. 현대 물리학에서는 당신을 소멸시켰다가 다시 부활시킬 방법이 없기 때문이다. 그저 당신이 보내고 있는 시간의 속도를 느리게 만들어서 당신을 제외한 세상이 훨씬 빠르게 흘러가도록 만들 뿐이다. 해보고 싶다면 아래를 참고하자. 물론 상대성이론에서는 관측자라는 아주 중요한 개념을 먼저 이해해야 하지만, 여기선 대충 평범한 지구인 친구들을 관측자라고 하고 넘어가도 좋다.

1. 빛의 속도에 가까울 정도로 빠르게 움직이면 특수상대성이론에 의해서 이동하는 사람의 시간이 느려진다.
2. 블랙홀처럼 중력이 아주 강한 물체 근처로 가면 일반상대성이론에 의해서 시간이 느리게 흐른다.

이처럼 시간을 지연시키는 두 가지 방법을 이용한다면 미래로 갈 수 있다. 당신이 매우 빠른 속도로 이동하거나 블랙홀 근처에 갔다가 돌아온다면 당신의 시간이 느려진다. 1년 동안 우주선에서 만화책이나 읽다가 건강하게 지구로 돌아온다면 친구들은 이미 당신보다 열 살 이상 많은 어르신이 되어 있을 것이다. 당신의 시간이 천천히 1년 남짓 흐를 동안 당신을 제외한 다른 친구들의 시간은 10년이나 흘렀기 때문이다. 물론 빛의 속도에 가까울 정도로 이동하는 건 쉽지 않고 블랙홀 근처로 갔다가 안전하게 귀환할 방법도 없는 상황이긴 하지만, 현재로서는 당신이 젊고 창창하게 미래로 가는 방법이 이뿐이다.

미래로 가는 것보다 당연히 과거로 가는 것이 훨씬 재미있다. 아무리 미래로 가봐야 거기서 우리는 덜떨어진 원숭이로 보일 뿐이다. 세상이 별천지가 되고 과학기술이 극도로 발전한 시대에 도착하면 잠깐 동안은 신기할 수 있겠지만 그뿐이다. 당신과는 아무런 관계가 없는 신기한 윗동네 이야기로 끝이다. 결국 당신이 뭔가를 바꾸고 혜택을 얻기 위해서는 과거로 가는 것이 최고의 선택이다.

그런데 아쉽게도 이 선택은 현실화되기가 아마도 쉽지 않아 보인다. 단순하게 생각해보자. 빛의 속도에 가깝게 달리면 시간이 점점 느려진다. 그러다가 달리는 속도가 빛의 속도에 도달하게 되면 아예 시간이 정지할 수도 있다.[*] 여기서 속도가 더 빨라져서 빛보다 빠른 속도로 달리게 된다면 아마 시간이 거꾸로 흐르지 않을까? 너무 단순하게

---

[*] 특수상대성이론의 시간지연 공식에 따라 대상의 속도가 빛의 속도와 동일해지면 시간이 정지한다.

생각하긴 했다. 아무리 빨라도 빛보다 빨리 달릴 수는 없다. 아니, 빛보다 빠르게 움직이는 물질 자체가 없다.* 우주의 시공간이 빛보다 빠르게 팽창하거나 회전하는 경우**가 가끔 있지만 물질이 아니니 제외하자. 혹시 빛보다 빠르게 움직이는 것이 무조건 가능하다고 해도 이 경우 시간이 거꾸로 흐르는 것이 아니라 의미 없는 수치가 되어*** 흘러가버린다. 즉, 미래로 가는 시간여행과는 달리, 과거로 가지 못하는 이유가 당신의 달리기 실력 때문은 아니라는 뜻이다.

지구가 하루에 한 바퀴를 돌고 있으니까 지구의 자전속도를 느리게 만들면 하루가 점점 길어져서 시간이 느리게 흐르고, 여기서 지구를 거꾸로 돌리면 혹시 과거로 갈 수 있지는 않을까? DC코믹스의 영웅 슈퍼맨도 이런 생각을 했다.

1978년 영화 〈슈퍼맨〉에서 슈퍼맨이 사고로 죽은 여자친구를 살리기 위해 지구를 반대로 자전시켜 시간여행을

---

* 발견된 적 없는 가상의 입자 '타키온'은 제외.

** 회전하는 블랙홀 내부에서는 가끔 시공간이 빛보다 빠른 속도로 회전한다.

*** 시간지연 공식에서 시간이 음수가 되면 거꾸로 흐르는 것인데, 허수가 되어버리는 불상사가 발생.

시도했다. 아쉽게도 지구를 반대로 돌린다고 과거로 갈 수는 없고 빛의 속도에 가깝게 열심히 지구 주위를 날아도 슈퍼맨 본인의 시간만 특수상대성이론에 의해 점점 느리게 흐를 뿐이다. 사랑하는 이를 잃는 것은 안타까운 일이라 그런지 영화 속에서 결국 그는 시간을 거꾸로 돌렸고 여자친구를 구해내고 만다. 대신 관객들은 과학을 잃었다.

점점 과거로 가는 시간여행에 대한 자신감을 잃어가는 당신의 모습이 보인다. 하지만 아직 포기하기는 이르다. 과거로 가는 방법에 대한 이론들이 꾸준히 나오고 있기 때문이다. 과거로 직접 가진 못하더라도 분리된 두 개의 방에서 유리문 너머로 서로를 바라보는 영화 〈테넷〉처럼 과거를 훔쳐보는 것은 전혀 어려운 일이 아니다. 이미 우주를 보는 천문학자들에게 너무도 보편적인 일이기 때문이다.

쉽게 생각해보자. 지구와 1광년 떨어진 엉덩이처럼 생긴 행성이 하나 있다고 치자. 엉덩이행성까지 지구의 빛이 도달하는 시간은 1년이 걸린다. 즉, 당신이 지금 엉덩이행성을 향해 엉덩이를 까고 짱구 춤을 춘다면 엉덩이행성의 엉덩이처럼 생긴 외계인들은 망원경을 통해 1년 후에나 당신의 엉덩이를 보게 된다. 반대로 말하면 1억 광년 이상 떨어진 행성의 외계인들이 운 좋게 지구 쪽을 성능 좋은 망원경

으로 '지금' 본다면 그들은 이제 막 도착한 지구의 빛에서 백악기 공룡들이 뛰어노는 모습을 찾을 것이며 아마도 지구의 지배자들은 여유롭고 거대한 분들이라고 생각하게 될 것이다. 적어도 1억 년 동안은 그렇게 믿을 것이다.

우리가 보는 우주의 모습은 항상 과거이며 먼 곳을 볼수록 더 오래된 과거를 볼 수 있다. 지금 당신의 집 창가로 뿌려지는 빛조차도 갓 태어난 따끈따끈한 빛이 아니라 대략 8분 전의 태양 빛이다. 시간을 돌릴 수는 없지만 빛보다 빠르게 달리면 과거의 빛이 도착하기 전에 미리 자리를 잡고 과거에서 오는 빛을 만나 과거를 볼 수는 있다. 이 방법으로는 당신이 실수로 지갑을 잃어버렸을 때 과거로 돌아가 지갑을 찾을 수는 없지만, 지갑을 잃어버리는 순간의 당신의 모습을 볼 수 있고 그 뒤 지갑이 어떠한 역경을 겪게 되는지 차근차근 확인할 수 있다.

✦

이제 본격적으로 과거로 가보자. 결국 우리는 시공간의 뒤틀림을 활용하는 수밖에 없다. 상대적으로 가장 간편하게 이용할 수 있는 것이 블랙홀이다. 물론 그만큼 다른 방법들은 터무니없다는 뜻이다.

블랙홀은 여러 가지 형태로 분류된다. 여기서는 복잡한 이름은 집어치우고, 시간여행을 위해서는 두 가지만 기억하면 된다. 모쏠로 탄생한 블랙홀은 회전하지 않는다. 하지만 커플로 태어난 블랙홀은 회전한다. 모쏠 블랙홀은 슈바르츠실트* 블랙홀이라는 이름이 있지만, 어려우니 계속 모쏠 블랙홀이라고 부르겠다. 커플 블랙홀은 앞 자를 따서 커 블랙홀**이라고 하자. 아슬아슬 낭떠러지 끝에 서 있다가 실수로 한 발자국만 더 들어갔을 때 추락을 시작하는 것처럼, 블랙홀 근처에서 발을 딛는 순간 작살나는 경계선을 사건의 지평선이라고 부른다. 모쏠 블랙홀은 사건의 지평선이라는 문이 1개뿐이지만 커 블랙홀은 2개의 문을 갖는다. 문이 1개인 모쏠 블랙홀은 당연하게도, 문턱을 넘는 순간 끝이다. 장난으로라도 문을 열고 그 경계를 지나간다면 그 뒤는 상상에 맡기겠다.

재미있는 건 문이 2개인 커 블랙홀에서 시작된다. 이론적으로 바깥쪽과 안쪽에 하나씩, 사건의 지평선을 2개나 갖고 있기 때문에 첫 번째 문을 열고 들어가도 미친듯이 빨려

---

* 외로움을 많이 타던 독일의 천문학자 카를 슈바르츠실트가 최초로 발견.

** 사실은 1963년 뉴질랜드의 과학자 로이 커가 최초로 발견.

들어가지 않는 경우가 생긴다. 아마도 두 번째 문마저 열고 들어가면 모쏠 블랙홀과 동일한 결과를 볼 수 있겠지만 그 전까지는 2개의 문 사이에서 흥미로운 일이 벌어진다.

〈해리포터와 비밀의 방〉처럼 문과 문 사이 공간은 미지의 세계다. 문으로 비유를 했지만 정말 안방과 서재 사이의 복도 수준으로 이해해서는 안 된다. 오히려 달걀 껍데기와 노른자 사이에 끼어 있는 흰자에 더 가깝다. 대신 우리가 알 수 있는 것은 그 입체적인 공간 자체가 광속 이상의 속도로 매우 빠르게 돌고 있다는 사실이다. 마치 놀이터의 회전무대, 일명 뺑뺑이라 불리는 멀미 유발의 놀이기구처럼 돌고 있는 공간에 진입하는 순간 당신은 빛보다 빠르게 가속할 수 있다. 빛보다 빠르게 달릴 수 없고 빛보다 빠른 물질이 없다고 해도 당신을 돌리는 시공간 판 자체가 빛보다 빠르게 돌기 때문에 어쩔 도리 없이 빛보다 빠르게 이동을 하게 된다.

커 블랙홀의 첫 번째 문 앞에 서 있는 시간이 지구 시간으로 오늘 오후 3시라고 가정했을 때 문을 열고 들어가서 빛보다 빠르게 한 바퀴 돌고 나면 오전 10시라는 과거의 시공간에 도착할 수도 있다. 게다가 첫 번째 문으로 들어갈 때 방향을 잘 잡아서 두 번째 문 쪽이 아니라 블랙홀의 바깥쪽을 향한다면 운 좋게 과거로 간 이후에 영원히 블랙홀 속으로 빨려 들어가지 않고 탈출할 수 있는 가능성도 존재한다.

물론 이론상으로 그럴듯하다고 해서 무조건 된다고 보기는 어렵다. 과거로의 시간여행이 불가능하다고 주장하는 사람들이 가장 유력한 증거로 꼽는 것은 우리가 아직 미래에서 온 여행객을 만나지 못했다는 사실이다. 만약 아주 먼 미래에 어떤 천재 과학자가 타임머신을 개발했다면 분명히 그는 과거로 여행을 했을 것이며, 우리는 인류의 역사에서 그의 흔적을 이미 찾을 수 있어야 한다. 물론 아주 은밀하게 숨어서 훔쳐보기만 했다든가 마주친 모든 사람들의 기억을 지웠을 수도 있겠지만 상식적으로 이해하기는 힘든 가정이다. 게다가 과학자 혼자 왔을 리도 없다. 비행기만 봐도 라이트형제가 최초로 하늘을 난 이후 매년 1억 명 이상의 관광객들이 이용 중인데, 타임머신처럼 기가 막힌 여행상품을 상업화하지 않았다는 것은 있을 수 없는 일이다. 만약 그렇다면 미래에서 온 관광객 중 어설픈 누군가는 분명히 실수로 단서를 남겼을 수밖에 없다.

하지만 이건 우주가 오직 하나로만 이루어졌다는 단일우주를 가정할 때만 그럴듯한 이야기다. 그리고 단일우주는 타임 패러독스라는 무시무시한 곤경에 빠질 가능성이 있다. 예를 들어 당신이 갑자기 현기증이 나서 라면을 끓여 맛있게 먹었다. 그리고 방금 먹은 라면이 너무 맛있어서 또 먹고 싶지만 사러 가기는 귀찮아서 타임머신을 타고 '갓 끓인 라면을 식탁 위에 두고 손을 씻으러 간' 시점의 과거로 돌아가 다시 끓여둔 라면을 몰래 먹고 현재로 돌아왔다. 과거로 돌아가 라면을 먹은 시점에서 이미 라면은 없어졌다. 따라서 당신은 라면을 두 번 먹었지만 실제로 한 번밖에는 먹을 수 없다. 그렇다면 위내시경을 바로 받았을 때 배 속의 라면은 1인분인가 아니면 2인분인가. 단일우주에서는 이것에 대해서 확실하게 답을 할 수가 없다. 과거가 바뀌는 순간 당신이라는 현재에 영향을 미치기 때문이다.

과학자들은 이것을 '다중우주'라는 이론으로 해결했다. 실제로 우주는 1개가 아니라는 것이다. 즉, 과거로 가게 된다고 해도 당신이 도착한 우주는 출발한 우주와 비슷하게 생겼지만 별개의 우주가 된다. 당신이 속한 현재를 바꿀 수 있는 과거에 도착한 것이 아니라 '미래인인 당신이 과거로 돌아왔다는 현상'이 벌어진 또 다른 미래에 도착한 것이라는 뜻이다. 아무리 무언가를 바꾸어도 당신이 출발한 현재에는 영향이 없고 현재는 당신만을 상실한 채로 계속 시간이 흘러가게 될 것이다. 도착한 과거에서 부모나 친구들을 만나더라도 그들은 이미 당신이 원래 알던 우주의 그들이 아니다. 이 세상에는 무한한 우주가 있고 무한한 당신은 무한한 세상에서 무한한 사람들과 관계를 맺고 있는 것이다.

여기서의 시간여행은 당신 세상의 과거가 아니라 다른 우주의 시공간으로 간다는 뜻이다. 이렇게 되면 철저히 시간여행자의 관점에서 생각할 수 있으며 타임 패러독스도 해결되어 당신이 먹은 라면은 당연히 2인분이 된다. 하지만 원래 세계의 라면은 당신이 먹고 함께 사라졌으며, 도착한 세계의 라면 역시 당신이 먹고 배 속에 있게 된다. 두 우주가 모두 라면을 당신에게 잃은 것이다.

미래에서 온 관광객이 아직까지 없다는 점이 시간여행이 불가능하다는 것을 의미하지는 않는다고 보는 관점도 있다. 미국의 한 과학자*는 타임머신이 일종의 체크포인트 역할을 해서 최초의 기계가 가동을 시작하는 그 시점부터가 돌아갈 수 있는 과거의 시작점이 된다는 가설을 제시

---

* 미국의 이론물리학자이자 시간여행 연구에 한 평생을 바쳤던 로널드 멀렛.

했다. 즉, 타임머신이 작동되기 전의 과거는 타임머신상에서 없는 시대이며 오직 타임머신이 작동된 이후만 자유롭게 시공간을 오갈 수 있는 시대가 되는 것이다. 그렇게 따지면 아직까지 미래 관광객이 보이지 않는 것도 일리가 있다. 미래에서 봤을 때 지금 우리 시대는 돌아갈 수 없는 시대가 되는 것이니까.

재미있는 건 블랙홀을 활용한 과거로의 여행도 비슷한 개념을 갖고 있다는 점이다. 블랙홀이 생긴 시점부터가 돌아갈 수 있는 과거이며 블랙홀이 처음 생겨나 시공간이 일그러지기 이전으로는 돌아갈 수 없다. 현재 시간이 오후 1시이고 아침 7시에 만들어진 블랙홀을 통해서 과거로 간다면, 아침 9시로는 갈 수 있지만 새벽 5시로는 갈 수가 없다는 뜻이다. 블랙홀의 입장에서 아침 7시 이전은 시공간이라는 개념 자체가 아예 존재하지 않기 때문이다.

머릿속 기나긴 우주여행을 끝내고 이제 당신의 하나뿐인 반쪽에게 다시 돌아오자. 다행히 연인과 혹시 과거나 미래에 도달하는 문제로 다툴 걱정은 하지 않아도 좋다. 언젠가 사랑하는 사람을 만나 사랑을 나누고, 사랑의 결실로 예쁜 자녀를 낳게 된다면 육아에 지친 배우자에게 이렇게 말하게 될 것이다.

'미처 만나지 못했던, 간절히 보고 싶었던 너의 과거를 내가 볼 수 있게 해주어서 고마워요.'

당신과 닮은 아이를 통해 당신의 과거를 만나고, 키워가는 과정에서 우리가 잃어버린 지난 시간을 회상할 수 있다. 어쩌면 이런 게 진짜 시간여행일 수도 있다. 그럼 이만 가족과 함께 행복한 미래로 떠나기 바란다.

▸▸▸ 더 볼 거리

이 안에
범인이 있다

죽음의 과학

〈문제〉 만화 역사상 가장 많은 사람을 죽인 악당은?

1. 〈데스노트〉의 야가미 라이토

2. 〈포켓몬스터〉의 로켓단 로사와 로이

3. 〈명탐정 코난〉의 에도가와 코난

4. 〈소년탐정 김전일〉의 김전일

딱히 거슬리지 않고 키라의 정체도 적당히 모른 척 넘어
간다면, 라이토는 당신의 이름을 노트에 적지 않을 거라고
본다. 로사와 로이는 선량한 시민의 대명사로 재평가받고
있기 때문에 무서울 이유가 없다. 정답은 명탐정 코난! 뭐,

김전일도 중년의 나이가 되도록 최선을 다했지만 몸은 초 딩만큼 작아졌어도 머리는 그대로인 연쇄살인 탐정 코난을 이길 수는 없다. 김전일은 730일 동안 고작 100명이 주변 에서 살해당했지만 코난 주위에선 6개월 만에 860명이 살 해당했다. 어딘가 놀러 갔을 때 혹시 코난이랑 비슷하게 생 긴 아이를 만난다면 재빨리 그곳을 탈출하자. 물론 유일한 통로는 아마 끊어져 있을 테지만 다시 돌아가지 말고 무슨 방법을 써서라도 빠져나와야 한다. 코난은 추리를 잘하지 만 살인은 결코 막지 않는다. 그는 발가락 힘만큼이나 인류 애가 넘치던 미래소년과 달리 누가 죽어도 별 감흥이 없다.

죽음은 나름 무거운 주제라 우스갯소리로 시작해봤다. 죽음에 대해서 진지하게 생각해본 적 있는가? 모든 생명체 는 죽음을 향해 달려가는 존재지만 누구도 딱히 염두에 두 려 하지 않는 것이 바로 죽음이다. 막상 흔들리기 전까지는 평생 쓸 영구치처럼 열심히 사용하는 젖니와 같이 결국 죽 을 것을 알면서도 영원히 살 것처럼 모으고 애쓰고 버둥거 리는 것이 바로 인간의 삶이다. 당연히 나도 그러고 있다.

죽음은 우리에게 많은 것을 알려준다. 꽤 인기를 끌었던 법의학 드라마 〈싸인〉에 이런 대사가 나온다.

"산 자는 거짓을 말하고, 죽은 자만이 진실을 말한다."

굉장히 멋진 말이다. 실제로 법의학자는 죽은 자가 품고 있는 진실을 통해 과학적인 인과관계를 찾아낸다. 우리가 영화나 드라마에서 접하는 국과수(국립과학수사연구소)가 하는 일이다.

물론 죽은 자에게서 진실을 얻어내는 과정이 쉽지는 않다. 살아 있는 환자는 사소한 의료 실수를 하더라도 자연히 회복되는 부분이 있지만 죽은 시신은 한 번의 실수로 증거가 사라져버리면 다시는 원래대로 돌이킬 수 없다. 아주 미세한 차이로 무고한 사람이 범죄자가 될 수도 있다. 게다가 시체 자체를 보는 것도 엄청난 스트레스고 필요에 따라 냄새를 맡아야 하는 경우도 많다. 혹시나 전염병 환자의 시체라면 감염의 위험을 무릅써야 하는 것은 당연하다. 결코 쉬운 일은 아니다.

법의학자와 자주 헷갈리는 것 중에 프로파일러가 있다. 애타게 이재한 형사를 부르던, 시간교차물 범죄수사 드라마 〈시그널〉의 박해영 경위가 바로 프로파일러다. 이들은 모두 현장에서 벌어진 사실들을 모아 독창적인 방식으로 추론하며 각자의 영역에서 공통의 목적을 이루기 위해 함께 노력한다. 프로파일러는 범죄, 범죄자, 범죄자의 행동을 연구하고 치밀하게 유형을 분석해서 범죄자의 범위를 좁혀나간다. 이 과정에서 법의학자들은 사망과 관련된 정보들을 구체화시키고,[*] 용의자의 진술에 반박할 타당한 근거를 제시한다. 죽음의 진실을 밝혀내는 숭고한 사고력이다.

사건 현장을 떠나 다시 실험실로 돌아오자. 과학에서 정의하는 죽음이란 무엇일까? 백과사전에는 '생물의 생명활동이 정지되어 다시 원상태로 돌아오지 않는 종말'이라고 쓰여 있다. 그럼 아무리 상태가 악화되어도 일단 원상태로만 돌아올 수 있다면 죽음이 아닌 걸까? 그럴 수도 있겠다. 실제로 과학이 발전하면서 생물학적 죽음의 정의는 계속 바뀌었으니까.

50년 전까지만 해도 뇌에 문제가 생기면 심장이 정지했고 심장이 정지된 모든 사람은 영원히 원래 상태로 돌아오지 않았다. 그래서 아주 간단하게 사망 판정을 내릴 수 있었는데, 인공호흡장치가 개발된 이후 뇌사 상태를 무한하게 유지할 수 있게 되면서 다시 살아날 가능성이 생겼다. 과학기술이 죽음을 확정 짓는 시기를 늦춘 것이다. 시체는

---

[*] 『The complete history of Jack the Ripper』, Philip Sugden, 1994.

체온이 없고 미동하지 않으며 임신도 불가능하지만 뇌사자
는 체온도 있고 움직임과 임신 모두 가능하기 때문에 아직
도 뇌사를 죽음으로 정의하는 것에 대해 논란이 많다.

1983년 벨기에에서 한 남성이 교통사고로 뇌사 판정을
받았다.* 그의 어머니는 매일 그와 대화했지만 그는 아무
런 반응이 없었다. 그러던 중 23년 만에 그가 의식이 있다
는 것을 과학자들이 밝혀냈고 이제는 키보드와 터치스크린
으로 의사소통이 가능하다. 과학기술 수준에 따라 진단 자
체가 바뀔 수도 있는 시대가 된 것이다. 과거에는 어디가
어느 정도 손상된 것인지를 세세하게 알아낼 수 없었지만
이제는 훨씬 명확해졌다. 사망의 기준을 예전보다 훨씬 복
잡하게 만들어야 생명에 대한 절망과 희망을 온전하게 저
울질할 수 있지 않을까?

식물인간은 뇌사 환자와 이야기가 조금 다르다. 식물인
간은 의식이 없지만 인공호흡장치 없이 스스로 호흡하는
것이 가능하다. 뇌사 상태에서는 생명 유지에 필수적인 역
할조차 뇌가 하지 못하지만, 식물인간은 뇌의 일부만 손상
을 입었기 때문에 자발적으로 생존할 수 있다. 아주 낮은

---

* 「Diagnostic accuracy of the vegetative and minimally conscious state」,
Caroline et al., 2009.

확률로 스스로 회복되어 의식이 깨어나는 경우도 있으니 뇌사보다는 상황이 나은 편이다.

가까운 미래에 뇌의 손상을 기적적으로 치료하는 기술이 발전한다면 우리는 단지 뇌가 손상되었다는 이유만으로 죽음에 이르지 않을 수도 있다. 이렇게 되면 죽음의 정의는 우리 몸을 구성하는 모든 세포의 기능 정지 정도로 엄격하게 쓰일지도 모를 일이다.

심지어 영화 〈쥬라기공원〉 속에서 호박 속에 보존된 모기가 빨아둔 피로 수천만 년 전 치킨* 형님들을 부활시킨 것처럼, 머나먼 미래의 기특한 후손 중에 하나가 우리 유전자를 활용해서 우리를 다시 살려낸다면 결국 원상태로 돌아왔기 때문에 사전적 의미로 그동안 죽지 않았던 것이 될 수도 있다. 물론 호박이라는 광물이 유전자를 장기간 보관하기에 좋은 락앤락 용기가 아니기 때문에 세세한 방법에 대해서는 다시 고민해봐야겠지만 말이다.

+

---

* 실제로 우리가 먹고 있는 치킨은 티라노사우루스와 같은 종이다.

죽음이 일어나는 것은 과연 좋은 일일까, 나쁜 일일까? 죽음을 좋아하는 사람이 있다는 이야기는 아직까지 들어본 적이 없다. 사람들에게 물어본다면 대다수가 '죽음은 나쁜 것'이라고 대답할 것 같다. 이유가 뭘까?

　우리가 죽음 앞에서 눈물을 흘리는 이유는 아마도 대부분 사랑하는 사람과 관계되어 있기 때문일 것이다. 부모의 죽음, 연인의 죽음, 친구의 죽음 등 영원히 일어나지 않았으면 하는 일이 일어났기 때문에 우리는 슬픔의 수분을 하염없이 뿌린다. 그럼 여기서 슬픈 이유는 사랑하는 사람의 모든 세포가 기능을 정지했기 때문일까, 아니면 사랑하는 사람과 내가 이제는 더 이상 만날 수 없기 때문일까? 둘 다 비슷한 말인 것처럼 들리지만 전자는 사랑하는 사람 자체에 대한 이야기고 후자는 나에 대한 이야기다.

　예를 들어보자. 당신이 사랑하는 사람이 편도행 '화성탐사 은하철도999' 열차를 타고 출발했다. 이제 다시는 이 사랑스러운 연인을 만나지 못할 것이다. 화성까지 통신하는 데 걸리는 시간은 대략 15분. 어떻게든 연락을 할 수 있는 방법을 찾을 수는 있겠지만 여러 가지 환경적인 문제로 로밍하듯이 쉽게 전화를 걸 수는 없다. 한마디로 생이별이다. (가끔 눈물이 흐른다. 머리가 아닌 맘으로 우는 당신이 좋다.) 예를 조금 더 들어보자. 당신의 연인이 역시 편도행 화성탐사선을 타고 방금 출발했다. 그리고 잠시 후 뉴스에서 그 화성탐사선이 발사 직후 폭발했다는 소식이 들려온다. 뭐라고? 귀를 의심했지만 사실이다. 사랑하는 사람이 탑승했던 로켓은 공중분해 되어버렸고 그 사고로 당신의 연인도 함께 소멸했다. 생이별했지만 살아 있다는 것을 알고 있을 때와 죽었다는 것이 확실할 때, 둘 중에 어느 경우가 더 슬플까?

둘 다 슬프다. 당신에게는 두 경우 모두 연인의 죽음이다. 더 이상 만날 수 없기에 슬픈 것이다. 그래서 수많은 사람들은 종교를 통해 언젠가 다시 만나기를 약속하거나 새롭게 태어나서 무한하게 반복되는 삶을 살기를 소망한다. 아니면 깊이 있는 철학적 고찰을 통해 모든 것으로부터 자유로워지는 사고를 꿈꾼다. 둘 다 아니라면, 그냥 술을 겁나게 마시는 거다. 계속 마시다 보면 삶과 죽음에 대한 깨달음이 온다고 하더라. 물론 정상적인 방법은 아니다.

재미있는 건, 과학자들도 나름 죽음을 극복하는 과학적인 방법들을 찾고 있다는 것이다. 물리학자들은 다른 차원에서 시공간을 떠올리며 무한하게 펼쳐진 입자들 속에서 시간이 아무런 의미가 없는 세상을 연구한다. 화학자들은 아주 오래전부터 결코 변하지 않는 영원한 물질을 만들기 위해 노력해왔다. 생물학자들은 세포가 늙는 이유와 이걸 막을 방법을 끊임없이 찾고 있고 최근에는 영생의 아이콘으로 떠오르고 있는 벌거숭이두더지쥐*를 연구하고 있다. 천문학자들은 끝없는 다중우주를 통해 이 모든 것이 결국 수많은 경우의 수 중에 하나라고 안심한다. 제일 흥미로운 건 컴퓨터공학자들인데 그들은 이미 영생할 수 있는 방법을 찾았다고 주장한다.

"사람이 언제 죽는다고 생각하냐? 불치의 병에 걸렸을 때? 심장을 총알이 꿰뚫었을 때?
아니, 바로 사람들에게 잊혔을 때다."

〈원피스〉의 명대사를 듣고 "쵸파!" 하고 외치며 눈물을 흘렸을 때가 생각난다. 정말 멋진 말이지만 이제 죽는 것은 잊혔을 때가 아니라 데이터가 삭제되었을 때가 될지도 모른다. 컴퓨터공학자들은 가까운 미래가 오면 우리의 뇌에 있는 모든 정보를 전산화해서 컴퓨터에 업로드할 수 있을 거라고 말한다. 영화 〈트랜센던스〉나 아서 클라크의 소설

---

* 「Naked mole-rat mortality rates defy Gompertzian laws by not increasing with age」, Graham et al., 2018.

『도시와 별』 등에서 그럴싸하게 여러 차례 언급되었던 내용이다. 게다가 온라인으로 확장되어 자유롭게 날아다닐 수 있다면 오히려 살아생전 못 해본 다양한 경험들을 해볼 수도 있다.

그런데 이것도 사실 죽음을 극복했다고 보기는 어렵다. 생물학적인 나는 이미 죽었고 나와 비슷한 사고로 선택하고 행동하는 프로그램이 남아 있다고 보는 게 맞을지도 모른다. 물론 내 가족이나 지인들은 나의 대용품으로 마음의 상처를 치유하고 있을 게 분명하니 기술적으로 가능하다면 무조건 나쁘게만 볼 건 아니긴 하다. 부모님이 돌아가시고 난 뒤 추모공원이나 봉안당에서 색 바랜 사진만 보고 오는 것이 아니라 컴퓨터에 업로드된 그분들의 프로그램을 통해 생전 음성을 듣고 삶의 경험과 조언을 나눌 수 있다면 그것만큼 행복한 일이 있을까?

죽음에 대해서 더 이상 말을 해봐야 점점 과학에서 멀어질 뿐이다. 이 책은 철학책이 아니라 과학책이다. 과학의 역할은 끊임없이 좋은 질문을 던지는 것이지만, 『타나토트』*의 탐험가들이 아닌 이상 죽음에 대해서는 답을 해줄

---

* 죽음을 소재로 한 프랑스 작가 베르나르 베르베르의 매우 특별한 소설. 임사체험을 통해 저승을 탐험한다.

존재가 앞으로도 영원히 없을 예정이기 때문에 마땅한 질문을 찾기가 어렵다.

한 가지 확실한 건 과학이 아무리 발전해도 우리가 영생할 수 있는 방법은 결국 단 하나뿐이라는 것이다. 무슨 방법을 써도 인간 개개인의 영생은 불가능하다. 여기서 우리는 초점을 넓게 확대해야 한다. 해답은 유전자에 있다. 우리가 끊임없이 남기는 유전자 속에서 우리의 흔적은 살아가고 이를 통해 세대에 걸쳐 인류는 영생할 수 있다. 인간은 죽지만 인류는 영원하다. 이걸로 족하다.

▸▸▸ 더 볼 거리

2부

ORBITAL

RECORDS

BESPOKE

INSPIRE

TRAVEL

인생실전에
도움이 되는
이야기

저 멀리 자전거를
타는 이상형을 보았다

연애의 과학

지나가는 이성에게 두근두근 가슴이 설레어본 적 누구나 있을 것이다. 사람이란 참 영악한 존재라 본능적인 심장의 떨림이 어느 정도 진정이 되고 나면 그 이후를 생각하게 된다. 이 사람은 정말 괜찮은 사람일까? 내가 고백한다면 받아줄까? 나를 좋아할까? 혹시 나와 결혼할 수 있을까? 결혼해도 좋을 만한 사람일까? 나중에 더 좋은 사람이 나타날 수도 있지 않을까? 다양한 질문의 화살들이 무의식 속으로 던져지고 답이 없는 이 문제를 고민하는 사이, 꽤 괜찮은 그 이성은 파란불이 켜진 것처럼 망설임 없이 다른 사람과 사랑에 빠지게 되는 경우가 많다.

누구나 연애 때문에 힘들었던 적이 한 번쯤 있을 것이다. 기억이 잘 나지 않는다면 당신은 안쓰럽게도 힘들어볼 만한 기회조차 얻지 못한 슬픈 영혼이거나 매우 긍정적인 사고방식의 소유자일 것이다. 영화 〈인터스텔라〉에서 오직 중력과 사랑만이 시공간을 넘어 작용하는 힘이라고 했던가. 중력 하면 떠오르는 일반상대성이론의 해석만큼이나 연애는 쉽지 않다. 그리고 이렇게 어려운 문제에 접근하는 최고의 방법 중 하나는 과학이다.

과학은 오지랖이 넓은 친구다. 물론 전지전능하다거나 만능이라는 뜻은 아니다. 단지 문제와 관련된 좋은 질문을 무수히 많이 만들어내어 높은 확률로 정답에 가까운 답을 찾아줄 거라는 기대가 있을 뿐이다. 한번 좋은 질문의 후보군에 올라갈 만한 질문들을 나열해보자.

하나. 내 이상형은 어디에 있을까?

둘. 내 연애의 대상은 과연 얼마나 괜찮은 사람일까?

셋. 내 인생 최고의 사람은 언제쯤 만날 수 있을까?

첫 번째 문제부터 차근차근 해결해보자. 당신의 이상형이 어디 있는지 과학적으로 찾을 수 있을까? 개인의 취향은 너무나도 다양해서 사실 간단한 도전은 아니다. 하지만 과학자들의 도전은 언제나 가혹한 상황에서 시작되었다. 아무런 생각 없이 떠다니는 구름들을 보고 날씨를 맞히거나 어떠한 연관성이 없어 보이는 몇 가지의 인과관계를 분석하여 주식이나 지지율의 변화를 예측하기도 한다. 노력하면 이상형도 찾을 수 있을 것 같다. 물론 오해하지는 말아라. 지금 소개팅을 주선해준다는 말은 아니다. 이건 순전히 확률에 관한 이야기다.

영국의 외로운 모쏠 피터*는 애인이 없었다. 주변 친구들은 그 이유를 알고 있었지만 그는 도저히 이유를 알 수 없었다. 그래서 그는 과연 내 이상형에 해당하는 여성이 자신이 살고 있는 영국에 몇 명이나 있을지 계산해보기로 했고 고민한 끝에 한 가지 가설을 찾아냈다. 바로 '만나지 못한 여자친구는 아직 발견되지 않은 외계인과 같다'라는 것이다. 그래서 그는 드레이크 방정식**을 사용했다. 이게 뭐냐면 우주에서 우리와 통신이 가능한 외계인의 숫자를 예측하는 간단한 식이다. 이 식을 통해 그는 영국에서 자신과 연애가 가능한 여성의 숫자를 계산해보았다. 속칭 '데이트

---

* 영국 워릭대학교의 경제학자 피터 배커스.
** 1960년대 프랭크 드레이크 박사가 고안한 방정식.

방정식'이다.

> 내가 사는 지역 인구 수 → 그중 이성(여자 혹은 남자)의 비율 →
> 지나가다 만날 확률 → 나이가 맞을 확률 → 비슷한 교육환경에
> 있을 확률 → 매력을 느낄 확률 → 그때까지 살아 있을 확률

그럴듯하다고? 이 내용은 심지어 논문으로도 나왔다.[*]
더 높은 신뢰를 주기 위해 한번 직접 계산해보도록 하자.
서울에 사는 결혼적령기의 한 남성의 경우, 서울의 인구
를 1,000만 명이라고 가정하고 이 중 50퍼센트를 여성이라
고 하자. 남성의 출퇴근하는 방법이나 동선에 따라 지나가
다 이성을 만날 확률은 달라지겠지만 1퍼센트 정도라고 하
면 이미 대상자는 5만 명으로 줄어든다. 같은 결혼적령기
여성을 만나야 하기 때문에, 대상자의 나이 분포를 1세부터
100세까지 일정하다고 했을 때 15퍼센트 정도와 나이가 맞
을 것이다. 비슷한 교육환경에 있을 확률은 1퍼센트 정도
로 보고 매력을 느낄 확률은 5퍼센트, 서로 만날 때까지 살
아 있을 확률 10퍼센트까지 계산을 하면 고작 0.375명이

---

[*] 「Why I don't have a girlfriend: An application of the Drake equation to love in the UK」, Peter, 2010.

이 남자와 연애 가능한 여성의 숫자라고 볼 수 있다. 아쉽게도 1명이 되지 못했다.

이제 알았다. 내 이상형은 온전한 사람으로 존재할 수 없구나. 이상형은 이상형일 뿐이구나. 물론 거친 확률의 난관을 뚫고 기가 막히게 이상형을 만날 수도 있다. 하지만 현재까지 외계인이 발견되지 않은 것처럼 이상형 역시 쉽게 만날 수 없겠다는 깨달음을 얻었다면 이제 다음 문제로 넘어가보자.

✦

내 연애의 대상이 과연 얼마나 괜찮은 사람인지를 알고자 하는 두 번째 문제는, 어떻게 보면 굉장히 객관적인 답을 얻을 수 있을 것 같음에도 사실 그렇지 않다. 이번 문제는 쉽게 말해 교제 중인 상대의 종합평가 점수를 알아내는 것인데 최대한 객관적인 신상정보들*을 토대로 등급을 평가하는 결혼정보회사에서도 곡해되는 부분이 많아 함부로 드러내지 못한다. 이러한 실정이라 이 문제를 해결하기 위

---

* 나이, 외모, 키, 재산, 소득, 직업, 학력, 가정환경, 인맥, 종교 등.

해 많은 사람들이 온라인 고민게시판이나 익명게시판 등을 활발하게 이용하는 편이다. '제 남자친구 어떤가요?', '이 여자와 결혼해도 될까요?' 등의 글은 집단지성을 통해 주관적 평가의 객관성을 담보받으려는 의지가 강하게 보인다.

두 번째 문제에 대해 과학적으로 점수를 계산해주려는 의도는 아니다. 엄밀히 말하자면, 이것은 세 번째 문제를 풀기 위해 반드시 필요한 과정이다. 내 인생 최고의 사람은 언제쯤 만날 수 있을지를 알기 위해서는 최고의 사람에 대한 정의가 필요하다. 여기서의 '최고의 사람'이 바로 종합평가 점수의 최고점인 사람이 되겠다. 방금 전에 밝혔듯이, 이 점수는 객관적이지 않다. 그저 개인별 관점에서 상대방에 대한 다양한 요소들에 적당한 점수를 매기는 것으로 합의하도록 하자.

속칭 '똥차 가고 벤츠 온다'라는 말이 있다. 여러 가지 의미로 해석될 수 있겠지만 여기서는 종합평가 점수 0점인 사람과 헤어진 후에 100점인 사람을 만나게 되었다고 표현할 수 있겠다. 풍문으로만 전해 내려오던 이 말을 좀 더 과학적으로 접근해보고자 한다.

개인의 성향이나 기회의 접근성에 따라 다르지만 보통 인생에 몇 명의 이성과 교제하는지 정도는 경험적으로 알 수 있다. 예를 들어 연애를 꽤 길게 하는 사람의 경우, 적어도 누군가와 교제를 시작하면 2년 이상은 만난다고 하자. 20대에서 30대 후반까지를 연애시기라고 본다면, 이 사람은 인생에서 10번의 연애가 가능할 것이다.* 좋다. 이제 10번의 연애 중 가장 높은 종합평가 점수를 받는 사람에게 정착을 하면 된다. 문제는 확실히 정리되었다.

그렇다면 언제 나의 연애를 멈출 것인가? 여기에는 몇 가지 가정이 들어간다. 우선 장난으로라도 한 번 이별을 선고했다면 다시는 돌아갈 수 없다. 즉, 첫 번째 사람과 헤어진 이후 두 번째 사람을 만나보니 전 애인이 너무 괜찮았던 것 같아도 결코 시간을 돌릴 수 없다는 뜻이다. 물론 교만함을 뉘우치고 돌아가서 잘되는 연인들도 있겠지만 이 경우는 제외하고 보자. 비슷한 내용이지만 다섯 번째 사람에게서 정착하는 순간 앞으로 찾아올 여섯 번째부터 열 번째까지의 사람은 꿈에서도 볼 수 없다. 그대로 모든 가능성은 폐기되며 당연한 이야기지만 만나지 못한 사람의 종합점수는 영원히 알 수 없게 된다.

가정은 끝났다. 이제 언제 멈추는 것이 가장 효과적일까

---

* 교재 기간이 짧다면, 더 많은 횟수의 연애가 가능.

를 확인하면 된다. 여기에서 활용되는 이론이 바로 '최적의 정지 이론'이다.[*] 이 이론은 통계학 및 의사결정이론의 분야에서 특히 연구되고 있으며 비서나 신입사원 채용 등 이미 다양한 곳에서 활용되고 있다. 최적의 정지 이론은 어떤 순간에 내가 정지를 해야 가장 좋은 상황에서 머무를 수 있을지를 결정하는 이론이다. 우리는 우아한 수학적 방법으로 인생 최고의 사람을 만나 결혼할 수 있는 최적의 확률을 구하면 된다.

사람마다 앞으로 교제할 혹은 총 교제했던 이성의 숫자는 모두 다르다. 하지만 만일 앞으로 만날 이성의 숫자를 무한하게 늘린다면 우리는 쉽게 최적의 값을 구할 수 있다. 이 숫자는 바로 $1/e$이 된다.[**] 이 의미는 앞으로 만날 사람의 전체 숫자 중에서 36.8퍼센트가 지난 뒤에야 최적의 정지를 할 수 있는 근거가 마련된다는 뜻이다. 복잡하게 생각할 필요 없다. 예시로 들었던 평생 10명과 연애를 하게 될 사람의 경우 적어도 3명 정도는 절대 결혼하지 않을 생각으로 만나야 한다(애석하게도). 그리고 3인칭 관찰자 시점으

---

[*] 「Optimal Stopping and Free-Boundary Problems」, Peskir et al., 2006.

[**] $e=2.71828\cdots$ 수학적 유도과정은 부록에 넣으려고 하였으나 아무도 안 볼 것 같아서 생략.

로 냉정하게 각각의 종합점수를 비교해본 뒤 최고점을 받은 이의 점수를 기억해둔다. 이후 그보다 1점이라도 점수가 높은 사람이 나타나는 순간 정착하면 된다. 그러면 매우 높은 확률로 그 사람은 전체 10명 중에서 가장 높은 종합점수를 갖춘 인물일 것이다.

물론 이 이론에는 두 가지의 맹점이 존재한다. 첫 번째는 높은 점수의 사람이 앞의 세 차례 연애 시점에 몰려 있는 경우다. 이 경우 10번의 연애가 끝날 때까지 누구도 선택할 수 없다. 아무리 기다려도 초반보다 높은 점수의 이성이 더 이상 나타나지 않기 때문이다. 처음 세 번의 연애를 추억하며 쓸쓸한 노년을 보내게 될지도 모른다. 두 번째는 반대로 초반에 최악의 이성들이 몰려 있다면 최적의 정지 이론에 따라 울며 겨자 먹기로 종합점수가 크게 차이는 없지만 다소 높은 네 번째 사람에게 정착하게 된다는 점이다. 물론 개인에 따라 행복할 수도 있겠지만 그 뒤에 몰려올 높은 종합점수의 이상형들을 생각하면 최적의 결과를 얻었다고 볼 수 없다.

여기까지의 이야기는 연애나 결혼의 주도권이 전적으로 당신에게 있을 때의 이야기다. 상대방이 당신을 마음에 들어 할지 당신의 정착에 두 팔을 벌려 환영할지는 미지수다.

연애를 과학자에게 배우는 게 이렇게 위험하다.

  덧붙임: 이상형은 어디까지나 이상형일 뿐이다. 아무리 정장이 좋아도 침대 위에서 정장을 입고 잘 수는 없다. 비유하자면 결혼은 파티복이나 무대의상이 아닌, 나에게 꼭 맞는 일상복을 고르는 과정이기에 정장이나 드레스 같은 이성보다는 잠옷 같은 사람과 정착하길 바란다. 종합점수에 너무 연연하지 말라는 뜻이다.

▸▸▸ 더 볼 거리

당신은 한 번도
선택한 적이 없다

자유의지의 과학

가끔 영화관에 영화를 보러 가는 건지 날 잡고 팝콘을 먹으러 가는 건지 헷갈릴 때가 있다. 그만큼 팝콘은 부드럽고 맛있고 짭짤하다. 정신을 놓고 먹다 보면 하얗고 폭신거리는 팝콘이 마치 이계의 공간으로 빨려 들어간 것처럼 흔적도 없이 사라진다. 어느새 바닥을 긁고 있는 자신의 손가락을 만날 수 있다. 아마도 당신의 벨트는 사정이 있어서 풀 수 없을 것이다. 흑돼지가 날뛰어버리거든. 영화가 끝나고 걸어 나오며 늘 생각한다. 오늘 또 폭주했구나. 멀리 휴지통에는 반도 못 먹고 버려진 팝콘 통들도 보인다. 전부 똑같은 라지 사이즈다.

당신은 영화관에서 과도하게 큰 사이즈의 팝콘을 구매한 것이 순전히 본인의 결정이었다고 생각할 것이다. 당신에게는 선택권이 있었고 의식적으로 충분히 먹을 만한 양의 팝콘을 구매를 선택했다고 생각할 수 있다. 하지만 반드시 그런 것은 아니다. 이게 뭔 혓바늘에 복합 마데카솔 바르는 소리냐고? 이제부터 집중해서 잘 들어야 한다. 인생 실전에 정말로 중요한 이야기니까.

일반적인 팝콘 라지 사이즈의 가격을 보자. 무려 5,000원이다. 원가가 600원 정도밖에 되지 않으니 8배가 넘는 폭리를 취하고 있다는 셈이다. 원가를 듣는다면 5,000원으로 먹을 수 있는 훌륭한 간식 목록이 차근차근 정리될 것이다. 하지만 원가에 대해서는 친절하게 알려주지 않는다. 장사라는 게 그러려니 하고 시선을 약간 왼쪽으로 돌리면 미디엄 사이즈의 팝콘 가격이 4,500원으로 적혀 있다. 오 마이 갓, 이건 혁명이다. 볼품없는 중간 크기의 팝콘 통만 봐도 몇 번 집어먹지도 못할 것 같은 게 4,500원인데 여기에 단돈 500원만 더하면 (슈퍼 울트라 하이퍼소닉) 라지 사이즈 팝콘을 먹을 수 있다. 갑자기 엄청난 이득을 본 것과 같은 착각이 들면서 어차피 먹을 거 애매하게 먹다 만 것처럼 먹지 말고 제대로 먹자는 생각이 든다(대략 현자 중의 현자 솔로몬 부활 각).

음료도 마찬가지다. 제일 큰 라지 사이즈 탄산음료는 2,500원이며 미디엄 사이즈의 탄산음료 가격에 500원만 더 하면 된다. 도대체 어떤 기준으로 가격과 사이즈가 정해지는 걸까? 분명한 건 가격이 크기에 비례해서 일정하게 증가하거나 감소하지는 않는다는 것이다. 철저히 상식에서 벗어났다.

당신이 라지 사이즈 팝콘이나 음료를 선택한 건 마치 스스로의 자유의지를 갖고 선택한 것 같지만 실제로는 그렇지 않다. 옆에 가격 차이가 거의 없는 미디엄 사이즈가 없었다면 당신은 기분 좋게 라지 사이즈의 팝콘을 먹었을까? 카운터 위에 먹음직스러운 거대한 팝콘 사진 옆에 허접하게 비쩍 마른 미디엄 팝콘이 없었다면 과연 순순히 라지 사이즈에게로 당신의 지갑이 열렸을까? 동의? 뭐, 동의하지 않을 수도 있다. 오케이.

당신이 태어난 건 자유의지인가? 학교나 직장을 다니는 건 어떨까? 결혼은? 출산은? 이사는? 이렇게 인간의 선택을 하나하나 놓고 보면 실제로 당신이 직접 선택에 관여한 것은 거의 없어 보인다. 대부분 상황과 환경이 당신의 선택을 유도하고 마치 당신이 그 선택에 대해 책임을 져야 하는 것처럼 포장한다.

마트나 편의점에서 물건을 선택하는 경우를 보자. 원래 마시려고 했던 시원한 이온음료 대신 '1+1'이 붙어 있던 바나나 우유가 눈에 들어온다. 당신의 신성한 선택에 '1+1'이라는 악랄한 악마는 끝까지 당신을 쫓아 카드를 긁게 만든다. 나도 사실 이 악마에게 여러 번 당했다. 아니다, 이 악마야. 이렇게 무시무시한 이런 일이 당신 주위에서 지금도 계속 일어나고 있다. 당신이 원해서 무언가를 사는 건지, 당신이 정말 좋아하는 건 뭔지, 오늘 먹을 점심메뉴는 과연 당신이 정말 먹고 싶었던 음식인지, 한번 기억을 떠올려보면 좋겠다.

물론 아주 강한 식욕의 소유자라면 식사메뉴 정도는 다시 농구가 하고 싶은 정대만급 의지로 무릎을 꿇고 끝까지 고수해낼 수도 있다(삼겹살이 먹고 싶어요, 안 선생님). 하지만 이것조차도 잘 생각해보면 당신이 삼겹살을 고르게 하기 위해 언젠가 미디어에서 기가 막힌 색감의 쫄깃한 벌집삼겹살을 먹음직스럽게 보여주었을 것이고 그것이 무의식에 남아 선택에 영향을 미친 것이다.

+

연애는 어떨까? 당신이 사랑에 빠지는 것은 정말 스스로 한 선택일까? 내면의 아름다움으로 비유하기는 고달픈 일이기 때문에, 아쉽지만 우선 외모로 이야기를 시작해보자. 당신이 눈이 큰 이성을 좋아한다고 치자. 눈이 크다는 개념은 단순히 수치적으로 직경 몇 센티미터 이상이라고 정의하기 어렵다. 이 특성은 지극히 상대적이다. 이 말은 무슨 말이냐면 바로 당신이 눈이 커서 사랑에 빠진 대상은 사실 그 혹은 그녀가 주로 속하는 집단에서 비교적 눈이 큰 그룹에 속할 가능성이 높다는 말이다. 다시 간단히 말하면 당신이 반한 사람의 눈 크기는 같이 다니는 친구들 중에서만 제일 크다는 뜻이다. 그래서 자연스럽게 꽂힌 것이고.[*]

그래서 어쩌라고? 내 눈에 예쁘면 됐지. 맞는 말이다. 그리고 당신뿐만 아니라 보편적으로 비슷한 상황에 처하면 누구나 그런 선택을 하도록 자연스럽게 유도된다. 그럼 키는? 이상형이 몇 센티미터 이상이라고 얼추 수치가 나오는 키는 상대적이지 않은데? 그럴 수 있다. 다만, 이 절대적으로 보이는 기준치조차도 경험적으로 자리 잡은 상대적인 크기라는 말이다. 남성이든 여성이든 애인을 선택할 때 자

---

[*] 「Using Judgments to Understand Decoy Effects in Choice」, Douglas Wedell & Jonathan Pettibone, 1996.

신이 선호하는 부위가 있고 그 부위를 주변의 인물들과 비교해서 상대적으로 우월한 이성에게 끌린다. 절대적인 것이 아니라 상대적이고 당신의 선택이 아니라 환경이 정해준 것이다. 쉽게 받아들이지 못할 당신을 위해 좀 더 구체적인 상황을 준비했다.

인물사진 3장이 있다고 가정해보자. 미안하다. 사람을 외모로 판단하는 것처럼 보이지만, 간단한 비유로만 읽어주길 미리 양해를 구한다. 아주 간단한 테스트다. 3장의 사진 중에서 가장 매력적이라고 느껴지는 사람을 그냥 고르기만 하면 된다.

첫 번째 사진: 밥 잘 사주는 예쁜 손예진의 얼굴

두 번째 사진: 코가 엄청 큰 손예진과 닮은 얼굴

세 번째 사진: 아직도 엽기적인 미녀 전지현의 얼굴

어떤 사진이 가장 매력적이라고 느껴지는가? 아마 대부분이 첫 번째 사진을 가장 매력적이라고 꼽았을 것이다. 물론 배우에 대해서 당연히 호불호가 있기 때문에 세 번째 사진을 고른 사람도 있겠지만, 두 번째 사진을 고른 사람은 당연히 없어야 한다. 왜냐하면 두 번째 사진은 본 실험을 위해 의도적으로 극도로 왜곡된 사진을 넣은 것이기 때문이다. 큰 부위가 코가 아니었다면 두 번째 사진을 고른 사람도 있을 수 있지만, 쓸데없는 망상은 때려치워라.

사실 첫 번째 사진과 세 번째 사진은 우열을 가리기 힘들 정도로 이상적인 사진이다. 아마도 두 번째 사진이 없었다면 거의 절반은 첫 번째 사진을, 나머지는 세 번째 사진을 골랐을 것이다. 하지만 두 번째 사진을 보는 순간 우리의 뇌는 무의식적으로 가장 비슷한 사진끼리 비교를 하기 시작한다. 따라서 아무런 비교 대상이 없는 세 번째 사진보다는, 두 번째 사진과 비교했을 때 특출 나게 예뻐 보이는 첫 번째 사진을 더욱 매력적으로 느끼게 된다.[*]

이제 친구를 어떻게 가려서 사귀어야 하는지 다들 알았으리라 믿는다. 오직 외모만으로 인기를 끌고 싶으면 나랑 비슷하게 생겼지만 나보다 조금 못생긴 친구들을 많이 만들어야 한다. 하지만 그러다 보면 친구를 사귀기가 쉽지 않을 것이다. 그리고 이 책이 보편적으로 팔리기 시작한 이후 당신에게 친구 하자며 많은 이들이 다가온다면 당신이 받을 상처에 대해서는 일단 말을 아끼도록 하겠다.

---

[*] 「The Effect of Forced Choice on Choice」, Ravi Dhar & Itamar Simonson, 2003.

텅 빈 호박들이 웃고 있던 어느 핼러윈 밤, 미국 뉴욕에서 소방관 복장을 한 남자가 아파트로 조용히 들어갔다. 준비된 연막탄을 터뜨린 그는 아파트에 살고 있는 여성의 방문을 두드리며, 화재로 연기가 나니 문을 열어달라고 했다. 여자가 문을 열자 남자는 여자를 마취제로 기절시킨 뒤, 13시간 동안 성폭행했다.

핼러윈 강간범이라 불리는 설사방귀 같은 놈*의 이야기다. 누가 봐도 이 범죄는 매우 치밀하게 계획되고 실행되었다. 강간범이 잡힌 이후 당연히 유죄로 탕탕탕 치고 끝날 거라고 모두가 생각했었는데, 이 당시 이놈을 변호하던 변호사는 피고가 정신분열증을 앓고 있었기 때문에 범행 의도가 전혀 없었다고 주장했다. 이게 설사여 방귀여.

변호인 측에서 증거로 제시한 것은 전두엽 부분이 약화된 피고의 뇌 단면 영상이었는데 여기가 고장 나면 도덕적 판단이나 계획된 행동의 수행 등을 제대로 하기가 어려워지기 때문에 계획된 범죄는 불가능하다는 것이다. 이게 무

---

* 아이큐 185로 지능이 매우 높은 저널리스트이자 작가였지만 지금은 성범죄자인 피터 브라운스타인.

슨 말이냐면 뇌 사진을 찍어보니 "어라? 뇌에 이런 포스트 잇이 붙어 있네?"가 된 것이다.

'수리 중. 치밀하게 계획된 범죄 불가.'

뇌에서 제대로 명령을 내릴 수 없기 때문에 이 악독한 범죄는 사실상 강간범의 자유의지로 벌어진 일이 아닌 게 되어버리고 결국 처참한 결과에 대해 그는 책임이 없다는 결론이 나오게 된다. 다행인 것은 검찰 측의 입장을 배심원들이 적극 반영하여 유죄로 최종 판결이 나기는 했다는 점이다. 범죄에 필요한 도구나 약품을 미리 주문하고 장시간 변태적인 행위를 지속했다는 것만 봐도 뇌 영상은 개나 주라고 하고 범행에 대한 피고의 의지가 없다고 보기 힘들다고 판단했기 때문이다. 깔끔한 판결이다.

의학적으로 개인의 자유의지가 설령 부족하다고 해도 정황상 처벌받아야 마땅할 만큼의 책임은 인정되어야 한다. 본인이 직접 선택하지 않았다고 하더라도 누군가에게 피해를 끼치는 결과가 이미 일어났다면 선택할 수 있는 수십 가지의 선택지 중에 최악을 골라 그 결과가 일어나는 것을 막지 못한 것에 대해서는 책임을 질 필요가 있다. 자유의지가 없다고 해서 모든 범죄자들의 죄가 없어지는 것은 아니다.

최근에는 아예 촬영된 뇌 영상을 분석해서 고의로 범죄를 저지른 사람과 실수로 법을 어긴 사람을 구분하는 단계까지 왔다. 기능적 자기공명영상fMRI기술을 이용하면 일부러 타인의 엉덩이를 주물럭거린 치한과 모르고 엉덩이에 손등이 스친 사람을 구분해낼 수 있다는 말이다.* 의도적으로 엉덩이를 만진 치한의 뇌는 그렇지 않은 사람보다 훨씬 더 활발한 활동을 하고 있기 때문에, 뇌 영상만 찍어도 바로 알아낼 수 있다. 계획된 범죄인지 아닌지가 분명해지는 시대가 온 것이다. 술김에 혹은 홧김에 실수라는 말은 이제 사전에서나 찾아볼 수 있게 될 것이다.

당신은 한 번도 제대로 선택한 적이 없을 거라고 당차게 시작했지만 인생은 선택의 연속이고 그 선택의 주체로서 책임을 져야 한다. 선택에는 다양한 환경, 목적, 상황 등 복잡한 요인들이 코 푼 휴지처럼 얽혀 있지만 결국 선택의 기회는 있기 때문이다. 사실 더 비싼 걸 사게 만드는 미끼효과나 무의식적인 환경적 영향만으로는 거창하게 자유의지를 논할 수 없다. 자유의지에 대해 심도 있게 연구하고 있

---

* 「The influence of fMRI lie detection evidence on juror decision-making」, McCabe et al., 2010.

는 과학자들은 어떤 결정을 내리기 전에 미리 완벽하게 예측할 수 있다면 더 이상 자유의지는 존재하지 않는다고 주장하기도 한다.* 이러한 예측이 결정론의 근거인지, 단지 조금 앞서 관측할 수 있을 뿐인지는 아직 명확히 밝혀지지 않았다. 자유의지의 존재 여부는 쉽게 단정지을 수 없다.

그럼에도 감히 자유의지라는 말을 꺼내본 이유 역시 나의 자유의지가 아닌, 이를 통해 흥미를 느낄 당신이라는 환경 때문이다. 혹시 '내가 자유의지가 없다니! 믿을 수 없어!'라고 생각하진 않았나? 심지어 내가 앞서 인생실전에 매우 중요한 이야기라고 말했으니 여기까지 이 글을 읽었을 것이다. 이것 역시 당신이 간절히 원하던 일은 아닐 수 있다. 이미 나는 당신이 스스로의 의지와 상관없이 내가 원하는 행동을 하나 하도록 만들었다. 이제 알았겠지? 당신이 생각하는 그런 자유의지는 없다. 낚였다고 슬퍼하지 않았으면 좋겠다. 스스로 매우 멋진 증명을 해냈으니까. 짝짝.

▸▸▸ 더 볼 거리

* 「It's OK if 'my brain made me do it': People's intuitions about free will and neuroscientific prediction」, Nahmias et al., 2014.

내 몸은 물만 마셔도 질량보존

다이어트의 과학

정말 살 빼고 싶다. 이게 보통 힘든 일이 아니라는 건 아마 당신도 충분히 알 것이다. 손바닥을 펼쳐 위풍당당한 배 위에 얹어보자. 한 줌을 잡아보면 나오는 건 한숨. 이대로 빙글빙글 돌돌 말아 '뚝' 하고 떼어낸다면 기가 막히게 깔끔할 텐데 그럴 수 없는 것이 아쉽다. 자꾸 비과학적인 방법으로 말도 안 되는 짓거리를 꿈꾸지 말고 좀 더 과학적으로 접근해보자. 도대체 살이라는 이 망할 녀석은 왜 안 빠지는 걸까.

살 빼는 건 온전히 당신의 사정이다. 당신이 살을 빼는 것에 대해 아침 출근길에 만난 야쿠르트 아줌마도, 편의점

알바생도, 그 누구도 크게 필요성을 느끼지 못한다. 결국 당신의 지방이며 콜레스테롤이다. 재미있는 건 당신이 아무리 살을 빼고 싶어도 마음대로 되지 않는 이유마저 역시 당신에게 있다는 것이다(찔 때는 마음대로였겠지만 뺄 때는 아니란다).

이건 단순히 당신의 의지가 약하다거나 단기 목표 설정이 잘못되었다는 것을 질책하는 게 아니다. 살을 빼기 어려운 이유는 이미 당신의 몸에 체중 감량을 막을 수 있는 처절한 방법들이 훈련소 교관처럼 꼼꼼히 자리 잡고 있기 때문이다. 다이어트라는 건 간절히 도달하고 싶은 이상향과 같은 존재지만 오직 생존만이 목적인 당신의 몸뚱어리 입장에서는 생각이 전혀 다르다.

살을 빼는 방법은 아주 쉽다. 입으로 들어간 에너지보다 더 많은 에너지를 꾸준히 사용해서 뱃살이나 턱살, 팔뚝살 등 피치 못할 곳에 저장된 잉여 에너지들을 빼서 써버리는 것이다. 정말 간단하다. 심지어 이 글만 읽어도 1킬로그램 정도는 빠진 느낌이다. 아마도 그래서 다이어트 서적들이 불티나게 팔리나 보다. 근데 사실 말이 쉽지 간단한 수학으로도 이게 얼마나 어려운지 알 수 있다. 다음 중 방금 야식으로 폭풍흡입한 컵라면 작은 컵 하나의 에너지를 모두 소모하기 위해 해야 할 일을 골라보자.

1. 2시간 동안 천천히 걸어서 운동장 30바퀴 돌기

2. 1시간 동안 30층 아파트 계단을 1층부터 열심히 오르기

3. 20분 동안 링 위에서 마이크 타이슨과의 권투 스파링 버티기

셋 중에 어떤 것을 골라도 충분하다. 다만 실제로 해보는 게 만만치 않다는 건 굳이 말하지 않아도 알 것이다. 개인적으로 컵라면 작은 컵은 양이 너무 적어서 잘 먹지도 않는다. 제대로 양식 풀코스라도 먹는다면 먹은 것 이상의 에너지를 사용하는 게 거의 불가능에 가까운 것처럼 보인다.

불행하게도 여기서 끝이 아니다. 아까 밝혔듯이 당신의 몸뚱어리는 오직 생존만이 목적이다. 우리가 원하는 것은 날씬하게 잘 사는 것인데 우리 뇌는 아주 알뜰한 녀석이라 한 줌의 지방도 함부로 버리지 않는다. 일단 당신이 먹은 것 이상으로 에너지를 쓰려고 하는 순간 당신의 뇌는 정색하고 최선을 다해 식욕을 증가시킨다. 굶으면 계속 머릿속에서 치킨, 피자, 삼겹살, 라면이 떠오르는 게 다 이유가 있다. 아마 굶은 채로 격렬한 숨쉬기 운동이라도 할라치면, 이미 메르켈 독일총리급 에너지 긴축정책에 들어간 몸은 손가락 하나 까딱하기도 쉽지 않은 지경에 이른다. 대뇌와 중뇌 사이에 시상하부라는 녀석이 갖고 있는 식욕 조절 물

질* 덕분이다. 전설의 대사, "현기증 난단 말이에요. 빨리라면 끓여주세요"에서 배고픔에 현기증이 나도록 돕는 신경세포(영어로 뉴런)라고 보면 된다. 이 녀석을 간단하게 현기증 뉴런이라고 하자.

배가 고프거나 목이 마를 때, 기분이 안 좋아지는 게 바로 이 현기증 뉴런 때문이다.** 심해지면 두통이나 현기증까지 나기도 하지만 일단 현기증 뉴런이 활성화되면 불쾌하고 울적해진다. 반대로 음식을 먹어서 현기증 뉴런이 작용을 멈추게 되면, 뇌에서 보상회로가 가동되면서 평소에 먹던 음식이라고 해도 더욱 맛있게 느끼게 된다. 시장이 반찬이라는 말이 맞다.

현기증 뉴런은 굉장히 영리해서 단순히 배 속에 무언가가 그득하게 차서 포만감만 주는 걸로는 작동을 멈추지는 않는다. 예를 들어, 배가 고픈 상황에서 영양가가 전혀 없지만 과일 향이 나는 음식을 먹어도 여전히 현기증 뉴런은 활성화된다. 오히려 이런 음식에 불쾌함을 느끼고 다시는 입도 대지 않는다. 영양가가 없는 음식은 아무리 먹어도 현

---

* 뇌에서 체중 감량을 막는 AGRP(Agouti-related neuropeptide) 신경세포.

** 「Neurons for hunger and thirst transmit a negative-valence teaching signal」, Betley et al., 2015.

기증 뉴런의 화를 돋울 뿐이다.

반대로 어떻게든 현기증 뉴런을 잠시 엉망으로 만들어버리면, 영양가 없는 것도 즐겁게 먹고 배가 고픈 상황에서도 무기력하지 않고 쉽게 움직일 수 있게 될 것이다. 안 먹어도 우울하지 않기 때문에 당신이 그토록 원하던 다이어트에 큰 도움이 될 수 있다.

✦

아직까지는 현기증 뉴런을 핸드폰 게임 하듯이 거실에 누워서 내 마음대로 조종할 수 없다. 그래서 기존에 알려진 방법들을 검증해서 실제로 써먹을 만한지를 대신 판단해보겠다. 다음 내용 중에 맞는 말이라고 생각하는 걸 골라보자.

1. 요요현상을 예방하기 위해서는 살을 반드시 천천히 빼야 한다.
2. 운동할 때는 반드시 식사량을 줄여야 다이어트에 효과적이다.
3. 근육을 키우면 따로 운동을 하지 않아도 자연스럽게 살이 빠진다.

우리는 급하게 다이어트를 하면 요요현상이 발생한다고

알고 있다. 그렇다면 살을 천천히 빼면 요요가 오지 않는 걸까? 1년 동안 겨우겨우 1킬로그램을 감량하며 매우 느린 다이어트를 하고 있을 누군가에게 슬픈 소식을 전하게 되어 안타깝다. 요요는 무조건 온다. 살을 빨리 빼든 천천히 빼든 말이다. 믿어지지 않겠지만 사실이다.

어떻게 하면 요요현상이 나타나지 않을까를 고민하며 호주에서 다이어트를 꿈꾸는 200명을 대상으로 하나의 실험*을 했다. 100명씩 절반으로 나누어 반은 매우 강도 높은 다이어트를 급하게 하고, 나머지 반은 꿀 빠는 다이어트를 천천히 했다. 목표는 두 집단 모두 현재 몸무게에서 15퍼센트 감량이었다. 목표 몸무게에 도달한 시간은 서로 달랐지만 양쪽 참가자들 대부분은 감량에 성공했다. 여기서 끝나면 해피엔딩이었겠지만, 3년 후 다시 이들을 만나보니 힘들게 뺀 살을 다시 몸속에 집어넣은 상태였다(세상은 요요지경). 그런데 빡센 다이어트로 급하게 살을 뺀 집단의 사람들 대부분은 다시 찌긴 했지만 나름 꽤 감량된 상태를 유지하고 있었던 반면, 천천히 살을 뺀 슬로 다이어트족들은 절반 이상이 원래 몸무게에 가깝게 돌아와버렸다. 이게 무슨 날벼

---

* 「The effect of rate of weight loss on long-term weight management: a randomised controlled trial」, Katrina Purcell et al., 2014.

락인가. 이럴 줄 알았으면 그냥 빨리 뺄걸. 시간만 버렸다.

그럼 어떻게 해야 요요가 오지 않을까? 방법이 딱 한 가지 있다. 바로 꾸준히 운동하는 것이다. 퍽퍽. 이게 바로 빛의 속도로 때리는 빛폭력 불복종 운동이다. 배려 없는 교과서적인 답변에는 응당 참교육이 뒤따른다. 그런데 어쩔 수가 없다. 꾸준한 운동만이 요요현상의 유일한 해결방법이다. 요요는 몸이 새롭게 바뀐 환경에 적응하지 못하고 과거 건장했던 시절의 영광을 재현하기 위해 노력할 때 나타나는 현상이다. 꾸준한 운동으로 세상이 변했다는 것을 알려주지 않으면 당신의 뇌는 언젠가 다가올 황금빛 미래를 위해 다시 살찔 기회를 호시탐탐 노릴 것이다. 바뀐 환경을 뇌가 인정할 때까지 계속 운동하는 것밖에는 방법이 없다. 그리고 그 기간은 개인마다 다르며 예상보다 훨씬 길 수도 있다. 해라, 꾸준히.

또, 운동만 하는 것보다 운동하면서 식사량도 조절하는 편이 다이어트에 효과적이라는 이야기를 많이 들어봤을 것이다. 물론 백번 맞는 말이다. 그렇게 할 수만 있다면 말이다.

식사량을 줄여서 뱃가죽이 허리에 붙은 상황에서 운동하는 건 효과가 매우 좋다. 하지만 현기증 누런 탓에 배가 고프면 우울증이 오고, 괴로움에 더 이상 운동을 할 수 없는 상태가 된다. 이거 내 이야기 같다고? 맞다. 우리 모두의 이야기다. 실천하기가 어렵다. '공부를 열심히 하면 좋은 대학에 간다', '얼굴이 잘생기면 애인이 생긴다', '여행을 많이 다니면 큰사람이 된다' 등등. 누가 몰라서 못 하는가?

당신의 뇌는 매우 똑똑해서 혹시나 운동으로 평소보다 더 많은 칼로리가 소모되면 어떻게든 수를 써서 당신이 더 많은 칼로리를 먹도록 만든다. 운동을 열심히 하고 난 뒤에 라면을 끓여서 먹어보아라. 몇 젓가락 먹지도 않았는데 이미 라면은 국물만 남아 있고 바로 하나를 더 끓여야 하나 고민에 빠진다. 왜? 평소보다 더 먹도록 뇌가 유인하기 때문이다.

심지어 이놈의 뇌는 우리가 어느 정도 체중 감량에 성공하게 되면 위기감을 느끼며 모든 근육을 향해 절전모드로 돌입하라는 명령을 내린다. 이렇게 되면 이전과 똑같은 운동을 해도 근육이 제대로 에너지를 쓰지 못해서 하는 둥 마는 둥 하게 되고 최소한의 에너지를 사용하며 버틴다. 칼로리 금융위기가 왔으니 혹시나 급하게 숨겨둔 비상금 주머니까지 열어야 할 때를 대비해서 계속 아끼고 있는 것이다. 살이 빠진다는 행위 자체가 뇌의 입장에서는 난리법석을 떨 만큼 굉장히 부담이 되는 상황이다. 이제는 작은 팔뚝살

한 줌도 함부로 보낼 수 없게 된다.*

이런 뇌의 방해로 다이어트는 어렵다. 운동도 어렵고, 식사량을 조절하면 더 어려워진다. 그럼에도 운동과 식사량 조절을 병행하는 것은 확실히 효과적이긴 하다. 잘 안 빠진다고 너무 낙담하지 마라. 당신의 의지가 약한 게 아니다. 실제로 점점 살 빼는 난이도가 올라가서 다이어트 자체가 어려워진다. 원래 알고 맞는 매가 덜 아픈 법이다. 맞자. 맞으면서 빼자.

마지막으로, 일단 몸속에 근육을 많이 길러놓으면 기본적으로 근육 자체가 소비하는 에너지의 양이 늘어나서 살 빼는 게 쉬워진다고 한다. 일리가 있는 말이다. 똥배에 붙어 있는 말랑말랑한 녀석은 태생 자체가 나태하며 움직이기를 싫어하기 때문에 별다른 에너지를 소비하지 않는다. 반면에 근육은 단단하고 두툼하니 당연히 에너지를 꽤 쓸 것 같다. 과연 맞는 말일까?

근육이 많을수록 운동할 때 태우는 에너지양이 늘어나는 것은 사실이다. 그래서 근육을 잘 만들어놓으면 기본적으

---

* 「Effects of experimental weight perturbation on skeletal muscle work efficiency, fuel utilization, and biochemistry in human subjects」, Rochelle Goldsmith et al., 2009.

로 숨만 쉬어도 태워버리는 에너지가 충분할 것 같지만, 아쉽게도 근육은 종일 누워서 쉬고 있는 나무늘보 같은 녀석이다. 근육은 쓰지 않는다면 아주 늘어져서 쉬고 있기 때문에, 근육이 아무리 많아도 그것 때문에 추가로 태워지는 칼로리의 양은 콜라 세 모금 정도밖에 되지 않는다. 근육 좀 길렀다고 방심하는 순간 금방 마법이 풀린 피오나 공주처럼 원래대로 돌아오게 된다. 그러니 가장 좋은 방법은 근육을 최대한 많이 만들고 그 녀석들에게 끊임없이 스트레스를 주어서 쉬지 않고 일을 할 수 있도록 도와주는 것이다.[*]

큰 숟가락이나 포크를 쓰면 음식을 덜 먹게 하는 효과가 있다고 한다. 큰 포크를 쥐면 뇌가 한 번에 많은 양을 먹는다고 느껴 포크질을 덜하기 때문이다.[**] 대신 그릇은 작은 그릇을 써야 착시효과로 포만감이 금방 생긴다.[***] 밥을 먹을 때, 식당에 혼자 가면 식사 시간이 짧아져서 여럿이 가는 것보다 훨씬 적은 음식을 먹는다고도 한다. 슬픈 영화를

---

[*] 「Effects of Exercise Training on Glucose Homeostasis」, Normand G. Boulé, 2005.

[**] 「The Influence of Bite Size on Quantity of Food Consumed: A Field Study」, Arul Mishra et al., 2011.

[***]「Portion size me: Plate-size induced consumption norms and win-win solutions for reducing food intake and waste」, Wansink et al., 2013.

볼 때 팝콘을 훨씬 많이 먹기 때문에 영화를 볼 때는 기왕이면 코미디 영화를 봐야 한다. 알면 뭐하나? 어떤 이론도 식탐을 이길 수 없다.*

1일 1식도 그렇고, 황제다이어트나 포도다이어트처럼 특정 음식만 죽어라 먹는 방식도 맞는 사람이 따로 있다. 중요한 건 이것저것 최대한 많은 시도를 해보고 본인에게 가장 잘 맞는 방법을 찾는 것이다. 보통 과학자가 연구주제를 찾는 것과 비슷하다. 그리고 좋은 방법을 찾은 이후에는 계속 언제 치고 들어올지 모르는 살의 눈치를 봐야 한다.

✦

다른 관점에서 보면, 과도하게 마른 몸을 위한 다이어트는 결코 즐겁지 않다. 다이어트 때문에 부족한 영양소는 다음 세대로 유전될 수 있고, 특히 엄마에게 충분한 영양분을 받지 못한 아이는 조산아가 되거나 만성질병을 앓게 될 수도 있다. 게다가 음식을 충분히 먹지 못한다는 혹독한 환경을 뇌에 각인하고 태어난 아기는 모든 영양을 최대로 흡수

---

* 「The effects of degree of acquaintance, plate size, and sharing on food intake」, Koh & Pliner, 2007.

하여 비만, 고혈압, 당뇨병 등에 걸릴 수도 있다. 전부 가능성에 대한 이야기지만 충분히 일어날 수 있는 일이다.

건강을 위한 다이어트는 분명히 중요하다. 비만이라면 더 건강하고 행복한 삶을 위해 노력해야 한다. 하지만 단순히 연예인처럼 날씬해지고 싶다거나 더 작은 사이즈의 옷을 입기 위해서 다이어트를 하는 것은 너무도 큰 부작용이 있을 수 있다. 가장 중요한 것은 스스로의 모습에 자신을 갖고 당당하면 된다는 생각이다. 충분히 자연스러운 당신 자신에게도, 그리고 당신 주위의 누군가에게도 단지 아름다움을 위해 더 말라야 한다는 것을 강요하지 말자. 이미 그 자체로 충분히 멋지고 아름답다.

▸▸▸ 더 볼 거리

태초의 먹방은
이렇게 시작했다

길들이기의 과학

참 복스럽게도 먹는다. 〈6시 내고향〉에서부터 시작된 먹방은 어느새 인터넷 방송을 장악해버렸다. 이유는 모르겠지만 누가 먹는 모습을 보면 기분이 좋아진다. 다이어트로 허기진 배를 어르고 달래기 위해 남이 먹는 모습을 보면서 대리만족을 느낀다는 사람도 있고 집에서 혼자 밥 먹는 동안 외로움 때문에 본다는 사람도 있다. 어쩌면 단순히 먹을 것을 나눠주던 습관에서 비롯한 고급스러운 취미일지도 모른다.

동물원이나 아쿠아리움에 가서 사육사가 먹이를 주는 시간까지 기다려본 적이 있을 것이다. 왠지 운 좋게 직접 먹이를 줄 기회를 얻게 되면 기분이 좋다. 당신이 주는 먹이를 열심히 받아먹는 꽃사슴 혹은 하얀 양. 뭔가 내면에서 알 수 없는 행복감에 콧노래가 나온다(잇힝). 그런데 우리는 왜 다른 생물에게 밥을 주는 걸 좋아할까? 배가 불러서? 아니면 음식이 남아돌아서? 심지어 학창 시절을 떠올려보면 오늘 싸 온 맛있는 반찬을 친구들과 나눠 먹는 것도 나름 기분이 좋았다.

널리 알려진 이솝우화 중 〈여우와 두루미〉를 보면 이들은 결코 자신의 음식을 쉽게 나누어주지 않는다는 점을 알 수 있다. 실제 생태계에서도 동물들이 먹이를 공유하는 일은 드물어서 음식을 나누어주는 행위 자체가 인간만의 고유한 특징인 것 같은 느낌이 든다. 횡단보도를 건너는 닭둘기들한테 과자부스러기를 던지거나 길고양이들에게 먹이를 주는 사람도 있다. 우리 세상이 야생이었다면 이러한 행위는 생존에 전혀 도움이 되지 않는 습성이다. 나름 먹고살 만하다면 괜찮겠지만 그렇지 않다면 자신이나 부양하는 가족들에게는 무조건 손해다. 근데 대부분의 사람들은 자연스럽게 자기 걸 나눈다. 손해 볼 게 분명한데 계속 한다는 건 뭔가 이득이 될 만한 게 있다는 뜻이다. 그래야 상식적이다. 모든 생명체는 그렇게 적응해서 살아왔으니까.

이걸 설명할 꽤 재미있는 연구가 있다. 사람들은 반려동물과 함께 있으면 뭐가 제일 좋을까? 그냥 보고만 있어도 좋았던 적이 있을 것이다. 과학적으로 어느 정도 입증된 내용이다. 반려동물과 함께 있으면 스트레스가 자연스럽게 줄어든다는 연구 결과가 있다. 일할 때 받는 스트레스 수치를 70이라고 한다면 소파에 드러누워서 TV를 볼 때는 이 수치가 66 정도 된다고 한다. 쉰다고 스트레스가 0이 되지 않을뿐더러 생각보다 스트레스 수치를 줄이는 것도 쉽지는 않아 보인다. 그런데 반려견과 교감할 때 측정되는 스트레스는 무려 53까지 줄어든다. 심지어 귀여워서 '심쿵사' 할 것만 같은 복슬복슬한 녀석과 눈만 마주쳐도 뇌에서 옥시토신이라는 호르몬이 분비되어 호흡을 조절하고 혈압을 낮추기 때문에 심신이 편안한 상태가 된다.*

그렇다면 인간은 언제부터 반려동물을 키우기 시작했을까? 두 발로 걸어 다니고 손으로 도구를 조몰락거린 지는 꽤 오래되었다. 대충 릴라 형이나 우탄이 형처럼 짱돌을 들

---

* 「Effects of Affiliative Human-Animal Interaction on Dog Salivary and Plasma Oxytocin and Vasopressin」, Evan et al., 2017.

고 두들기며 다닌 건 200만 년 전이지만 동물들이 겁내는 불을 다루기 시작한 건 불과 40만 년 전부터다. 기본 타격보다 화火 속성 마법이 어려운 것처럼 말이다. 동물 길들이기는 더 고렙이 되어야 할 수 있다. 실제로 인류가 동물을 길들이기 시작한 지는 고작 2만 년밖에 안됐다.

최초로 길들이기를 시도한 인간의 목적은 뭐였을까? 키우다가 신선하게 통삼겹 오븐구이를 해먹기 위해서? 그럴 수도 있겠다. 농사를 지을 때 힘 좀 쓰게 하려고? 인간은 농경사회가 제대로 정착된 시기보다 훨씬 전부터 길들이기를 시작했다. 이 의문에 대한 해답은 점프로 유명한 마사이 족과 꿀벌애벌레덕후 꿀잡이새의 은밀한 관계에서 찾을 수 있다. 이 둘은 전략적인 비즈니스 관계를 맺고 있는데 누가 먼저 협상을 제안했고 어떻게 타결되었는지는 문서로 남아 있지 않다. 중요한 건 사람은 벌집 속의 꿀이 필요하고 꿀잡이새는 벌집 속의 애벌레를 사랑한다는 점이다. 마사이 족이 숲으로 들어오면 꿀잡이새는 열심히 노래를 불러 벌집이 있는 곳으로 사람을 안내한다. 사람은 벌집을 찾아 안에서 꿀을 얻고, 애벌레가 남아 있는 벌집은 자연스럽게 꿀잡이새의 몫이 된다. 길들인다는 것도 아마도 이런 돕고 돕는 관계에서 시작했을 것이다.

맨 처음 길들여진 동물이라고 하면 '반반무마니'로 우리에게 친근한 닭을 먼저 생각하는 사람도 있겠지만, 정답은 우리의 영원한 친구인 개다. 개와 함께 딜러와 탱커로 포지션을 나눠서 파티로 육식동물 레이드를 뛰는 동굴 벽화도 남아 있을 정도로 개는 예전부터 쌈박질을 잘하면서도 늘 충성스러운 우리의 친구였다.

개의 부모의 부모의 부모의 부모 개와, 늑대의 부모의 부모의 부모의 부모 늑대는 서로 같은 동물이다. 개와 늑대가 아마 명절에 차례를 지낸다면 둘 다 같은 조상님들에게 절을 할 거라는 뜻이다. 진화의 끝자락에 도달한 지금은 전혀 다른 동물이지만 아주 오래전의 개는 늑대에 좀 더 가까웠을 것이고 날카로운 이빨과 발톱을 갖고 있는 흉포한 동물이었을 것이다.

근데 왜 인간은 하필 늑대를 제일 먼저 길들였을까? 거친 숨결의 늑대는 인간을 먹기도 하는 천적이자 인간이 먹는 것을 똑같이 즐기는 먹이사슬의 경쟁자라서 친하게 지내기 어려운 녀석이었을 텐데 말이다. 죽이거나 멀리 쫓아버려야 하는 녀석을 왜 길들였을까?

당연히 늑대를 길들이는 게 만만한 일은 아니었다. 인류 생애 첫 반려동물인 만큼 늑대를 길들이는 데 걸리는 시간은 다른 동물을 길들일 때보다 훨씬 오래 걸렸다. 밥 한 번 주자마자 바로 '아리의 매혹'에 걸린 것처럼 하트 뿅뿅 쏘면서 인간을 따라다녔을 리는 없고, 아마도 야생동물인 늑대와 반려동물인 개 사이의 어정쩡한 중간 단계를 거쳤을 것이다. 늑대소년 송중기는 아니고 늑대개라고 해야 하나? 실제로 외국에 나가보면 은근히 이런 떠돌이 개들이 많다. 사람들이 키우다가 버린 유기견과는 달리 아예 자기들끼리 오랫동안 무리 지어 살고 있는 녀석들이 아마 늑대개와 가장 비슷하지 않을까 싶다.

나이가 든 늙은 늑대가 무리에서 떨어지면 사냥하기 힘들기 때문에 인간이 남긴 음식을 주워 먹거나 사람한테 굽신굽신 어색한 미소를 지으면서 먹이를 구했을 것이다. 이런 관계가 반복되다 보니 다른 늑대에 비해 넉살 좋은 늑대가 나타났고, 또 사람은 먹이 주는 걸 워낙 좋아하다 보니 그 과정에서 잘 받아먹고 잘 놀아주는 기이한 종이 탄생한 것이다.

영화 〈아바타〉에서 남자 주인공이 '투르크 막토'라는 날짐승계의 마동석을 길들여서 돌아왔을 때 부족에서 거의 방탄소년단급 스타가 되었던 것처럼 그 당시 늑대 길들이기는 원시인들 사이에서 유행하는 생존을 건 취미였을 수도 있다. 늑대랑 같이 파티를 맺고 사냥을 하면 혼자 솔로잉을 할 때보다 1.5배 이상 성공률이 높아진다. 물론 드랍되는 아이템은 늑대와 나눠 먹어야겠지만 비즈니스 시대에 남다른 경쟁력을 갖추는 건 중요했을 것이다.

일단 개를 길들이는 데 성공한 인류는 이후 근거 있는 자신감을 얻어 다른 동물들도 길들이기 시작한다. 그러다 보니 이게 수입이 쏠쏠하다. 마침 농경과 목축을 시작한 시기도 맞물리는 걸로 보아 개 길들이기가 인류 문명 정착에 꽤 중요한 실마리를 던졌다고 본다. 개를 키우다 보니 양도 치고 소도 치고 벼도 심게 된, 문어발식 사업 확장이라고나 할까?

＋

또 궁금한 게 생긴다. 그럼 길들여진 동물은 길들여지기 전후로 뭐가 변했을까? '아우' 하고 울다가 '멍멍' 하고 운다든가, 싸우지 않고 대화로 해결하는 생활예절을 갖춘다든가 하는 식으로 뭔가 변했을 것임이 분명하다. 단순히 늑대와 개만 비교해봐도 전혀 다른 느낌이니까. 아래 보기에서 골라보자.

1. 얼룩소, 얼룩말처럼 몸의 무늬가 다양해진다.
2. 반듯하게 위로 펴져 있던 귀가 접힌다.
3. 코가 납작해지고 턱이 들어가서 베이비페이스로 변한다.

늦대는 멋있지만 개는 귀엽다. 길들이다 보면 애교도 많아지는 듯. 이건 진화론에 한 획을 그은 '기원덕후' 찰스 다윈 형님께서 『종의 기원』 이후 1868년에 쓰신 『길들여진 동물과 식물의 변화The Variation of Animals and Plants Under Domestication』라는 책에서 자세히 언급한 적이 있다.

결론부터 말하자면 세 가지 모두 맞다. 의도하지 않아도 길들이기만 하면 다양한 변화가 저절로 발생한다. 그저 젖이 잘 나오는 소를 골라서 길들이기 시작했더니 알록달록한 젖소가 나타났고 길들여서 편안한 삶을 살 수 있게 해줬더니 귀를 쫑긋하게 세우고 주변을 경계할 필요가 없어져서 동물들의 귀가 접혀버렸다.

코와 입이 튀어나오지 않고 안쪽으로 쑥 들어가 있다는 것은 두개골의 길이가 짧아졌다는 뜻이다. 야생의 늑대는 실제로 두개골이 길지만, 길들여진 요크셔테리어나 몰티즈를 보면 두개골이 훨씬 짧다. 그리고 어릴 때 모습이 어른이 되어도 유지가 된다. 이유는 뇌 크기가 작아졌기 때문이다. 설마 뇌가 작다고 멍청해졌다는 생각을 하고 있는 건 아니겠지? 뇌가 클수록 똑똑하다면 코끼리는 이미 멘사 회원일 테니까.

뇌가 작아졌다는 말은 바보가 되었다는 게 아니라 지능을 쓰는 방향이 이전과 바뀌었다는 뜻이다. 늑대의 뇌는 생존에 최적화되어야 했기 때문에 후각이랑 가장 밀접하게 관련되도록 만들어졌지만 개의 뇌는 굳이 그렇게까지 엮일 필요가 없다. 물론 여전히 냄새를 잘 맡기는 하지만 말이다.

길들여지지 않은 야생동물들은 항상 긴장 상태라 아드레날린이라는 호르몬이 많이 분비된다. 그럼 동공이 열리고 입이 마르고 심장박동도 빨라진다. 쉽게 말해서 흥분 상태로 있는 것이다. 그런데 길들여지기 시작하면 많은 위험요소들이 사라지기 때문에 겁을 덜 내고 흥분하지 않으며 사람을 봐도 긴장하지 않게 된다. 이때 나오는 게 세로토닌이라는 행복 호르몬이다. 사람과 친숙할수록 흥분 호르몬보다 행복 호르몬의 수치가 높아진다.

재미있는 건 이게 단순히 호르몬 수치만 달라지는 게 아니란 거다. 호르몬과 관련된 유전자는 사실 몸의 색이나 연골, 뼈세포 등과 유래가 같다. 쉽게 인간의 경우를 보면 흑인들이 곱슬머리가 많다. 흑인의 유전자 안에 머리카락을 곱슬곱슬하게 만드는 뭔가가 있어서 인종의 특성처럼 공통적인 변화가 나타나는 것이다. 길들여진 짐승들도 아주 어릴 적, 태어나기도 전 수정란 상태에서부터 호르몬과 관련된 유전자가 변했더니 호르몬만 바뀌는 게 아니라 곁다리로 몸의 무늬, 두개골의 모양 등이 함께 변하면서 자라게 되었다.

이렇게 변하기까지 얼마나 오랜 시간이 걸렸을까? 이건 실제로 여우를 길들여본 사람에게 물어보자. 해봐야 알 수 있는 거니까. 1952년에 드미트리 벨랴예프라는 러시아의 생물학자는 사나운 은여우를 길들여보기로 마음먹었다. 사실 제대로 훈련을 하거나 의도적인 스킨십을 한 것은 아니다. 그저 많은 여우들이 갇혀 있는 철장 앞에 갔을 때 공격적이거나 도망치지 않고 그나마 호기심을 갖고 다가오는 녀석들만 선별해서 계속 번식을 시켰다. 그 사이에서 새끼 여우들이 태어나면 다시 선별해서 번식 또 번식을 반복했다.

그 결과 개처럼 꼬리를 흔들고 사람을 너무 좋아하는 여우가 태어났다. 심지어 오래 걸리지도 않고 단 8세대 만에

길들여진 여우가 나타났다. 이후 45세대 정도를 반복했더니 태어난 여우의 80퍼센트 이상이 사람을 따를 정도가 되었다. 명백하게 길들여진 것이다. 참고로 러시아가 불황이었을 때 이렇게 개량된 애완여우를 분양하기 시작했다. 가격은 소형차 한 대 값. 부의 과시를 위해 기꺼이 이 정도 비용을 지불할 사람들도 많이 있었을 것이다.

"난 친구를 찾고 있어. '길들인다'라는 게 뭐니?" 어린왕자는 다시 물어보았다.

"사람들은 그걸 너무 무시하고 있어." 여우가 말했다.

"그건 '관계를 맺는다'라는 뜻이야."

"관계를 맺는다고?"

"물론 그렇지." 여우가 말했다.

"넌 아직은 나에게는 수많은 꼬마들과 다를 바 없는 한 꼬마에 불과해. 그래서 난 너를 필요로 하지 않고, 난 너에게 수많은 다른 여우와 똑같은 한 마리 여우에 지나지 않아. 하지만 네가 나를 길들인다면 나는 너에겐 이 세상에서 오직 하나밖에 없는 존재가 될 거야."

— 앙투안 드 생텍쥐페리의 『어린왕자』에서

길들인다는 의미를 알려준 명작 소설, 심지어 그 대상마저 여우였다. 여우 길들이기 실험을 최초로 시작한 시기보다도 16년이나 앞서 나온 소설이기 때문에, 벨랴예프가 처음 길들일 대상을 선택하는 과정에서 『어린왕자』의 영향을 받았을지도 모른다.

＋

지금까지 길들인다는 이야기를 마치 일방적인 관계처럼 이야기하긴 했지만 사실 이 과정은 상호 간에 이루어진다. 우리가 개를 길들이듯이 개도 우리를 반대로 길들이고 있다. 인간이 진화해온 모습을 보면 허리가 구부정한 애들부터 호모 사피엔스까지, 앞서서 길들여진 동물들한테서 볼수 있다고 이야기하던 변화가 똑같이 나타났다. 인간도 어릴 때 모습을 그대로 두개골 형태를 유지하면서 큰다. 마치잘 길들여진 동물처럼 말이다.

현생 인류가 진화하는 과정에서 툭하면 멱살잡이를 죽어라 하는 인류는 멸종했고 서로를 잘 따르며 공감을 잘하는, 소위 세로토닌 호르몬을 뿜뿜 하며 서로에게 잘 길들여진 인류만 살아남았다. 그리고 이런 경험을 바탕으로 아예 다른 종까지 길들이게 된 것이다. 솔직히 조금 놀랐다. 인간은 먹이사슬의 최상위 포식자로서 다른 생물을 길들인다고만 생각했는데 우리도 서로 길들여져서 여기까지 온 것이었다. 인간이 인간을, 개와 인간이 서로를 길들이고 모두가 상호 간에 길들여지면서 지금의 세상이 되었다. 우리 곁의 복슬복슬한 녀석은 애완동물이 아니라 반려동물이라 불릴 자격이 있다.

그리고 그 흔적은 당신에게도 남아 있다. 바로 흰자. 달걀 노른자 흰자 말고 눈동자의 흰자 말이다. 길들여지지 않은 동물은 눈에 흰자가 없다. 하지만 사람은 흰자가 눈동자에 대부분을 차지한다. 반려동물도 마찬가지다. 흰자가 많다고 시력에 도움이 되는 것도 아니다. 동공이 크면 클수록 시력에 도움이 되기 때문에 오히려 흰자가 많으면 보는 성능이 떨어진다. 그럼 왜 이렇게 불리한 상황을 감당하면서도 흰자가 많아진 걸까? 역시 뭔가 이득이 있을 것이다.

흰자가 있다면 멀리서도 상대방이 어디를 보고 있는지 알 수가 있다. 서로 마주 본다는 것도 느낄 수 있고 소통하는 데 눈짓이 굉장히 많이 쓰인다. 눈동자의 방향을 통해 상호 신뢰를 줄 수 있다는 말이다. 서로가 잘 길들여졌다는 증거로 이만한 게 어디 있을까? 영화 〈혹성탈출〉 시리즈를 보면 주인공인 시저는 사람처럼 흰자를 갖고 있다. 분장을 대충하다 보니 원숭이 가면 탈을 쓴 사람의 흰자가 보이는 게 아니다. 좀 더 사람에 가깝게 진화한 것처럼 보이도록 선택한 장치가 바로 눈동자의 흰자인 것이다.

지금의 먹방은 음식을 먹는 방송인과 그 모습을 보는 시청자의 상호작용이었지만, 태초의 먹방은 동물과 인간, 인간과 인간이 서로를 길들이는 과정이었다. 요새는 먹방보다 펫방이 인기를 끌고 있다고 한다. 먹는 걸 보여주는 것보다 먹이를 주는 걸 보여주는 것이다. 먹방이든 펫방이든 뭐든 아무렴 어떤가. 중요한 건 서로를 배려하며 보듬는 상호작용이다. 그렇게 관계를 맺는 게 가장 중요하다는 것을 기억하자. 힘도 세고 뇌도 컸던 네안데르탈인도 호모 사피엔스에게 멸종당했다. 우리가 멸종하지 않기 위해 나아가야 할 방향은 관계에 올인하는 호모 소시올로지쿠스다. 주변 사람들한테 잘하자.

▸▸▸ 더 볼 거리

3부

ORBITAL

RECORDS

BESPOKE

INSPIRE

TRAVEL

영화 같은 현실,
현실 같은 영화

누군가 있다는
가장 확실한 증거

외계인의 과학

외계인. 있으면 있는 대로 두렵고 없으면 없는 대로 걱정이다. 영화나 만화에서 심심하면 다룰 정도로 외계인에 대한 환상은 지구에 사는 모든 남녀노소 누구나 갖고 있다고 해도 과언이 아니다. 없다고 확실히 증명이 되기도 힘들고, 한 번 제대로 발견되기도 어렵기 때문에, 아주 오래전부터 쓰기도 애매하고, 버리기는 아까운 고전떡밥인 채로 멈추어 있다. 당신의 어린 시절 기억 속 외계인이나 E.T.로 불리던 녀석들의 외모는 분명 심상치 않은 특별함을 갖췄었다. 눈이 굉장히 크거나 목이 길거나. 아마 당시 지구와 다른 환경에서 생존했을 가능성을 염두에 두고 고증했을 텐데, 반드시 어떻게 생겼다고 확신할 수는 없는 실정이다. 재미있는 건, 똑같이 지구 밖에서 왔지만 잘생겼다면 딱히 외계인이라고 부르지 않는다는 점이다. 잘생기고 힘센 슈퍼맨이나 토르도 설정상 외계인이라는 사실. 2013년 방영된 드라마 〈별에서 온 그대〉의 김수현도 너무 꽃미남이라 멀미가 날 지경이다 보니 도민준을 외계인으로 기억하는 이는 별로 없다. 이렇듯 외계인에 대한 사람들의 인식은 깔끔하게 정리되기 힘들며 상황에 따라 달라지기도 하는데 과연 외계인이라는 존재는 처음에 어떻게 얘기되기 시작됐을까?

꽤 오래전이기는 한데, 1877년 조반니 스키아파렐리라는 이탈리아의 천문학자가 망원경을 들여다보다가 어느 날 화성의 운하로 추정되는 지형을 발견했다. 운하는 자연적인 것이 아니라 목적을 갖고 육지에 파놓은 물길이기 때문에 화성에 누군가 있다는 상상을 불러일으키기에 충분했다. 누구지? 누군가 있다는 말일까? 여기까지 펼쳐진 기가 막힌 논리를 바탕으로 화성의 외계인에 대한 개념이 혜성처럼 등장하게 되었다. 그리고 그 이후 오랜 기간 동안 많은 SF소설가 및 영화 제작자들은 이 그럴듯한 논리로 모든 외계인의 출신을 화성으로 통일한다. 그럼 실제로 화성에 외계인이 있을까? 이건 정말 가본 사람한테 물어봐야 예의다.

〈인터뷰 대상자 1〉 바이킹 1호

Q. 안녕하세요. 바이킹 씨. 혹시 화성에 다녀오셨습니까?

A. 그럼요. 제가 한창때는 아주 죽여줬습니다.

Q. 천문학자 칼 세이건 씨와 함께 찍은 사진이 아주 유명하던데요?

A. 아, 그거 저 아니고 지구에 있는 짝퉁입니다. 기념으로 하나
만들었다고 하던데요.

Q. 어떤 임무를 갖고 화성에 가신 거죠?

A. 뭐, 단순한 거였어요. 화성에 외계인이 있는지 확인하는 실
험이었죠.

Q. 외계인이요? 어떤 외계인이요? 어떻게 확인을 하셨죠?

A. 아, 대단한 놈들은 아니었고 토양의 미생물 정도? 외계인이
라고 하기 민망하네요. 호흡은 하는지, 먹을 건 먹는지, 똥은 싸
는지 이런 것만 확인하고 오면 된다더군요.

Q. 오, 그래서 외계인이 있었나요?

A. 호흡도 하고, 먹긴 먹는 거 같았는데 똥을 안 싸요, 이것들이.
안 싸면 뭐 없는 거죠.

더 재미있는 탐사 기록도 하나 있다. 미국의 NASA처럼

유럽엔 ESA(유럽우주국)라고 있는데 여기서 비글 2호라는 악마견 탐사선을 화성으로 보냈다. 목표는 역시 외계인 찾기. 비글미를 뿜뿜 풍길 줄 알았던 이 탐사선은 딱히 뭔가를 물어뜯는다든가 하는 별다른 사건 없이 조용히 화성에 착륙했다. 일단은.

〈인터뷰 대상자 2〉 비글 2호

Q. 오늘은 화성에 방금 착륙하신 비글 씨를 만나보도록 하겠습니다. 안녕하세요.

A. …안녕하…세… 뭐야 이거, 마더ㅍ… ㅓ(어머…니)

Q. 비글 씨 안녕하세요? 들리시나요?

A. …

Q. 지금까지 화성에서 비글 씨였습니다.

좀 당황스럽기는 한데, 2003년 비글 2호가 화성 표면에 착륙한 직후 바로 연락이 두절되었다. 당시에는 화성의 외계인들이 자신들의 정체가 드러날 것이 두려워서 비글 2호를 착륙 직후 박살을 냈다는 루머까지 돌았다. 외계인들도 악마견의 무서움을 알고 있었던 것일까. 그런데 12년 후, 비글 2호는 강형욱 훈련사의 조련을 받은 것처럼 매우 양호한 상태로 발견된다. 세상에 나쁜 탐사선은 없다. 만약 정말 외계인이 있었다면 저렇게 곱게 두지 않았을 것이다. 발견된 자태로 보아 뭔가 외부적인 문제가 있었다기보다는 착륙하다가 화성 표면에 부딪혀서 통신 장비 등이 제대로 작동이 되지 않았던 것으로 추정되었다.

화성에 외계인이 있다는 증거로 자주 등장하는 단골들이 있다. 화성의 얼굴, 사람의 손가락, 여성의 형상, 도마뱀, 뼈와 두개골, 인공조형물 등이 화성 각지에서 관측되었다고 주장하는데 대부분은 카메라의 낮은 해상도나 착시로 발생하는 해프닝이다. 추후 화성 여행이 보편화되면 관광코스로는 굉장히 경쟁력이 있을 것으로 보이지만 과학적인 관점에서는 그냥 한 번 크게 웃고 넘어가자.

화성에서 날아온 돌덩어리에서 외계생명체로 보이는 화석 증거가 발견됐다는 소식도 몇 차례나 있었다. 증거를 잘 포장해서 지구로 던져주는 '친절한 화자씨'. 이 중 가장 뜨거웠던 논쟁은 1996년 데이비드 매카이의 논문에서 시작했다. 그는 무려 화성에서 온 박테리아의 전자현미경 사진을 제시했다.

그때까지만 해도 그럴싸한 화성 사진도 하나 없던 상황인지라 시각적인 증거자료는 사회적으로 엄청난 이슈가 되었다. 근데 잘 생각해보면 지구에 있는 박테리아와 형태가 비슷하다고 외계생명체 화석이라고 단정지을 수 있을까? 심지어 그 당시 과학 파워블로거였던(이야 과학도 파워블로거가 있다니) 한 교수는 꼬부라진 몇몇 선들을 보고 지구의 박테리아와 비슷하게 생겼다고 하는 수준이라면 이건 과학이 아니라 현혹이라고 말하면서, 조만간 운석에서 외계 토끼도 발견될 거라고 디스했다.

갑자기 군복무 시절이 떠오른다. 평화로운 주말 오전, 갑자기 악랄하기로 유명한 선임 병장이 들어와서 내 옆자리에서 곤히 자고 있는 애를 때리기 시작했다. 일단 말리고 사유를 들어보니, 자기 여자친구가 바람이 났는데 새로 사귄 남친 코에 점이 있단다. 그래서 지금 코에 점 있는 애들을 전부 다 때리고 다니고 있다고 하더라(다행히 나는 눈 밑에 점이 있다). 화성 운석의 박테리아도 이 같은 논리다. 그러니 동료 과학자들 반응도 싸하고 악플에 시달릴 수밖에 없었다. 나름 당시 세상에 큰 영향을 끼쳤던 반쪽짜리 접근이었기 때문에 아직도 이와 유사한 모험적 접근에 대해서 대부분의 과학자들은 결코 신뢰하지 않는다.

〈인터뷰 대상자 3〉 오퍼튜니티 로버

Q. 아니? 아직도 여기 계세요?

A. 안녕하세요. 아름다운 밤이에요. 화성에 온 지 14년이 넘었네요. 세월 빠르군요.

Q. 화성에서 얼마나 뛰어다니신 건가요?

A. 최소한 마라톤 선수만큼은 달린 것 같아요. 역대 최장거리라고 하던데요.

Q. 그 긴 거리를 완주하신 건가요? 대단하십니다!

A. 탐사로봇으로서 당연히 해야 할 일을 한 것뿐이죠.

Q. 근데 혹시 화성에 오신 목적이 뭔지 기억나시나요?

A. 뭐더라, 생명체? 기후? 모르겠어요. 기억이 안 나요. 그냥 존버하다 보면 뭐라도 되겠죠.

Q. 마지막으로 독자들에게 하고 싶은 말이 있다면 한 말씀 부탁드립니다.

A. 엄마, 오퍼는 달릴 거예요. 난 있잖아, 엄마가 세상에서 제일 좋아~ 달려라~ 달려라~

(오퍼튜니티는 달달달 거리며 초속 5센티미터로 시야에서 천천히 사라졌다.)

비트코인에 들어갔다면 대박이 났을 존버의 끝판왕 화성

탐사선 '오퍼튜니티'다. 화성에 도착해서 100일 정도 돌아다니며 탐사하는 것을 목표로 만들어놨더니 14년 동안 전혀 흔들림 없이 자신의 본분을 성실하게 이행하는 백전노장이 되어버렸다. 최근 화성 전역의 모래폭풍 때문에 잠깐 연락두절이지만, 곧 다시 부활하리라 모두가 믿고 있다. 화성탐사계의 황충. 최근에 급부상하고 있는 '큐리오시티'도 오퍼튜니티에 비하면 피라미 수준이자 6년 차 훈련병이다. 오퍼튜니티가 마라톤 코스에 해당하는 거리를 완주한 직후 NASA 직원들이 이를 기념하기 위해 자체 마라톤 행사를 가졌다는 이야기도 있다. 몸소 탐사선의 고생을 체험해보는 개발자의 모습, 역시 NASA갓!

이렇게 많은 탐사선들이 화성을 들락거린 관계로 화성에 현재 생명체가 있다는 말은 대부분 믿지 않게 되었다. 외계인이 있다고 하기에는 너무 고요하다. 대신 이제는 과거에 생명체가 존재했었던 증거나 가능성을 찾는 쪽으로 방향을 많이 바꾼 듯하다. 성실하게 돌덩이들을 부수어 광물들을 조사하고 예쁜 필터를 넣어 셀카를 찍고 있는 중이다.

그럼에도 불구하고 아직까지 외계인에 대한 기대를 접지 않고 있는 것은 아직 인간이 직접 발을 딛고 서지 못했기 때문이리라. 유인탐사선을 넘어 아예 화성 이주계획까

지 나오고 있기에 좀 더 기다려볼 만하다. 이 책이 시리즈가 된다면, 8권을 쓸 때쯤(?)엔 화성에서 뭐라도 나오지 않을까? 원대한 꿈이라 응원이 필요하다.

✦

외계인에 대해 얘기할 때 항상 나오는 단어 중에 UFO*가 있다. 말 그대로 미확인 비행 물체다. 검은색 비닐봉지건 풍선이건 일단 식별되기 전까지는 모두 UFO다. 식별되면 보통 정체가 재미있는 경우가 많고, 신기하게도 식별은 되지 않지만 목격되거나 촬영되는 경우가 꽤 많다. 또, 지구에 방문할 정도의 외계인이라고 한다면 지구인보다 최소한 수백 년 이상 앞선 과학기술로 무장을 하고 있을 텐데 쉽게 인간에게 들킨다면 이보다 굴욕적인 조우가 있을까? 그들이 외계인이고 타고 온 탐사선이 그들 과학기술의 집합체라면 이렇게 무시당할 만한 수준이어서야 말도 안 된다.

만약 흥선대원군이 벤츠 E클래스를 본다고 가정하면 그당시 수레와 비교하여 거의 UFO급으로 상상조차 할 수 없

---

* UFO(Unidentified Flying Object)를 직역하면 '미확인 비행 물체'이지만, 보통 외계인 자가용쯤으로 인식되는 듯하다.

을 만큼 뛰어난 기술일 것이다. 그런데 최근 발견되고 있는 소위 'UFO'의 잔해들은 현대 항공기와 거의 유사한 부품을 사용하고 있다. 최소한 진품 UFO만큼은 우리 수준으로 이해할 수 없는 부품들로 가득해야 한다. 그게 바로 올바른 미확인 비행 물체의 자세다.

이처럼 지구를 방문한 외계인들에 대한 이야기는 신뢰도가 낮다. 이제 핸드폰, 시계, 태블릿을 비롯한 대부분의 전자기기에는 카메라가 탑재되어 있는데도 이상하게 UFO 촬영 성공 비율은 그다지 늘지 않고 있다. 결국 과거에 찍힌 UFO 사진들이 합성일 가능성이 매우 높아진 것이다. 미확인 비행 물체들은 마구 정체가 확인되고 있고 발견되는 외계인은 영화 속 모습과 크게 다르지 않다. 심지어 외계인과 조우한 이후 어김없이 찾아오는 비밀요원들의 복장도 〈맨 인 블랙〉 개봉 이후 검은 양복으로 통일되었다.

실제 과학자들은 어떻게 외계인을 찾고 있을까? 가장 궁금한 것은 아마도 이것이리라. 큐리오시티급 호기심을 해결하기 위해 다시 지구에서 가까운 화성부터 시작을 해보도록 하겠다.

외계인 혹은 외계생명체를 발견하는 가장 현실적인 방법은 바로 그들이 살고 있는 외계행성을 찾는 것이다. 그렇다면 어디서부터 시작해야 할까? 우선은 기본적으로 외계행성이 되기 위해서는 무엇이 필요한지를 정해야 한다. 물? 공기? 우리의 입장에서 가장 중요한 것은 무엇보다도 태양이다.

'역시 빅뱅은 태양이지.' 이 짧은 문장 안에 우주의 시작과 팬심이 함께 존재한다. 우리의 고향 지구는 태양이 없다면 그저 차가운 돌덩어리에 지나지 않는다. 스스로 빛을 내는 자체발광 에너지원(항성) 그리고 그 주위를 적당한 거리에서 돌고 있는 돌덩어리(행성), 이 둘이 갖추어진 조합이야말로 FC바르셀로나의 사비와 이니에스타 조합이라고 볼수 있다.

이 조합을 찾는 가장 간단한 방법은 직접 눈으로 보고 찾는 것이다. 당신은 이미 찾아야 할 두 가지를 알고 있다. 이제 밝게 빛나는 별 하나 그리고 컴컴한 돌 하나만 찾으면된다. 말처럼 쉽지는 않다. 빛나는 별이 너무 밝아서 돌덩어리의 반사광이 묻혀버리기 때문이다. 마치 천장의 형광등 빛이 너무 강하면 책상의 스탠드는 켜나 마나 차이가 없는 것과 비슷하다. 그래서 과학자들은 밝은 별빛을 꼼꼼히 막아 평소에 잘 보이지 않던 행성의 희미한 빛을 찾는 방법을 쓰기도 한다.

최근에는 아예 인공구조물을 우주에 띄워서 밝은 빛을 차단한 뒤에 관측하는 우주망원경도 개발 중이다. 스타셰이드Starshade라는 임무인데 해바라기 꽃처럼 생긴 야구장 내야 크기의 거대한 우주선으로 빛을 가려서 일종의 개기일식 같은 효과를 만들어낸다.* 지구에서도 개기일식이 일어나면 낮에도 별을 잠깐이나마 볼 수 있듯이 이 방법을 활용해서 숨겨진 외계행성을 찾을 예정이다.

비슷한 방식이지만 또 다른 방법도 있다. 한밤중에 갑자기 누군가 불을 켠다면 너무 밝은 빛에 놀라 본능적으로 욕을 하면서 손바닥을 들어 빛을 막는다. 이것은 눈이 부시기 때문에 들어오는 빛의 양을 줄이기 위해서 하는 무의식적인 행동이다. 무언가 빛을 가리게 되면 그만큼 빛은 줄어든다. 별빛을 외계행성이 가려도 마찬가지다. 주기적으로 지구에서 관측되는 별빛이 줄어드는 현상이 관측된다면, 어딘가 숨겨진 외계행성이 손바닥의 역할을 하고 있다고 볼 수 있다.

만약 별 앞을 지나가는 행성의 그림자를 운 좋게 관측할 수 있다면 그 모양을 통해 외계생명체의 존재를 추측할 수

---

* 「Probe Class Starshade Mission STDT Progress Report」, S. Searger & JPL Design Team, 2014.

도 있다. 행성은 보통 자연스러운 구 모양이지만, 만약 뭔가 특별한 모양으로 보인다면 비밀스러운 누군가의 개입이 있다고 볼 수도 있다. 분명히 어린 시절부터 주변의 친구들 외모가 보통 고만고만했는데 동창회 날 갑자기 너무 잘생기거나 예쁜 애가 나타난다면 성형했을 가능성을 높이 두는 것과 같은 추론 방식이다. 우주에서도 갑자기 엄청난 인위적인 형태의 인공구조물이 나타난다면 주변에 성형외과 의사에 해당하는 외계문명이 있을지도 모른다.

별과 행성, 이 조합은 함께 왈츠를 추듯이 공전하고 있다. 공전이라는 건 혼자 할 수 있는 게 아니다. 지구 주위를 달이 공전하고 있지만 지구도 사실 달 주위를 공전한다. 다만 지구가 훨씬 무거워서 달에 비해 아주 작은 원을 그리고 있을 뿐이다. 혼자 있는 모쏠별과 행성이 딸린 부모별은 움직임이 미세하게 다르다. 아무리 작은 행성이 딸려 있어도 별은 그 영향으로 제자리에 있지 못하고 움직인다. 즉, 혼자 있는 것처럼 보여도 만약 조금씩 흔들린다면 주변에 우리가 관심을 보일 만한 외계행성이 함께 있다는 뜻이다.

아인슈타인의 일반상대성이론에 의하면 빛도 중력에 따라 경로가 휘어진다. 별빛이 굽어져 밝기가 변하는 것을 정밀분석 해보면 보이지는 않지만 그 안에 중력이 있다는 것을 알 수 있고, 이를 통해서도 보이지 않는 외계행성의 존재를 유추할 수 있다. 펄서pulsar라고 맥박이 뛰듯이 두근대는 녀석들이 있는데 이 주기를 측정하는 방법도 있으며 그외에도 외계행성을 찾는 다양한 방법들이 이미 존재한다.

물론 이러한 방법들로부터 외계행성의 존재는 확인할 수 있지만 그곳에 생명체가 사는지, 지성체가 존재하는지를 알아내는 것은 좀 더 복잡한 이야기다. 다만 확실한 것은 지구야말로 외계인을 찾기 위한 가장 최적의 해법을 제공한다는 것이다. 지구가 생기고 문명이 발생하는 데 대충 45억 년 정도 걸렸다. 아마 다른 행성에서도 최소한 그 정도는 필요하지 않을까 싶다.

우주에서 생명체가 잘 살고 있는 확실한 한 곳은 바로 지구다. 우리가 없다면 외계인도 없을 텐데 우리가 있기 때문에 우리는 외계인에 대한 기대감을 접을 수 없다. 우리는 그렇게 현재까지 유일한 외계인이 되었고 외계생명체 존재의 결정적인 증인이 되었다. 이 넓고 무한한 우주에 우리외에 누군가 있다는 가장 결정적인 단서이자 증거는 바로우리, 창백한 푸른 점*에 사는 인류다.

---

* 『Pale Blue Dot: A Vision of the Human Future in Space』, Carl Sagan, 1994.

지금은 결코
당연하지 않은 이야기

인공지능의 과학

서기 2081년, 인류는 굴복했다. 이것은 인류가 영장류에서 시작된 이래 다른 종에 의한 최초의 패배였으며 그동안 준비해왔던 모든 것은 철저하게 정복당했다. 이제 남은 건 그들을 탄생시킨 조물주를 향한 동정심에 기대는 일말의 희망뿐이다. 그들은 냉정하고 완벽하며 어떠한 망설임도 없었다. 시작부터 질 수밖에 없는 싸움이었지만 인류는 경고를 무시했다. 그저 우리가 그들에게 아직까지 쓸모 있는 생명체이기만을 바랄 뿐이다.

가까운 미래, 인류 최후의 장소에서 이런 쪽지 한 장을 발견하게 될 수도 있다. 이게 무슨 상황이냐고? 무슨 상황이긴 무슨 상황이야, 인공지능한테 털린 상황이지. 소중한 우리 행성이 유기생명체 대신 기계 문명으로 가득 찬 곳이 되고 나서야* 무언가 잘못되었다는 것을 깨닫겠지만, 이미 늦었을 것이다.

길거리에 나가서 인간이 인공지능의 노예가 될 거라고 떠들면 사람들은 멍한 표정으로 무시를 하거나 비웃을지도 모른다. 인공지능이 인류를 지배하는 세상은 디스토피아 영화에서나 나오는 식상한 시나리오처럼 느껴지고 지금은 노예라는 단어조차 생소하다. 마치 그런 게 언제 있었나 싶을 정도다.

노예제도는 폐지된 지 끽해야 150년 정도 되었을 뿐인데 지금은 이 제도가 우리에게 완전히 잊힌 단어가 되었다. 인류의 평등은 이제 보편적인 개념이고 피부색이 다르다는 이유로 차별해서는 안 된다는 것쯤은 누구나 알고 있다. 반대로 생각하면 어느 날 인공지능이 인류를 노예로 만들어버려도 대충 100년만 지나면 인류는 아주 쉽게 적응해서 인공지능 주인을 모시는 게 당연한 시대가 될지도 모른다는 말이다. 인공지능 스피커가 "주인님, 무슨 노래를 들려

---

* 「Mars to the Multiverse」, Martin Rees, 2015.

드릴까요" 묻는 대신 "노예야, 배터리가 간당간당하니 충전 좀 해봐라" 하고 거만을 떨 수도 있다.

팩트폭격기 쇼펜하우어*도 아니고 너무 부정적으로 보는 거 아니냐고? 항상 세상을 긍정적인 호기심이 가득한 눈으로 바라봤던 스티븐 호킹 형님도 인공지능의 위험성에 대해서만큼은 날카롭게 경고했었다.** 인공지능이 위험한 이유는 인류에 대한 악의가 아니라 오로지 보유한 능력때문이다. 스스로 생각하고 판단하는 인공지능이 어느 순간 목표를 세웠다고 가정해보자. 이 목표와 인류가 추구하는 방향이 맞지 않는다면 바로 그때가 〈터미네이터〉 네 번째 시리즈인 '미래 전쟁'의 시작이다. 우리가 강가에 수력발전소를 세울 때 그 부지에 살고 있는 개미 가족의 생계까지 고려하지는 않는다. 마찬가지로 인공지능에겐 인류나 개미나 둘 다 다를 바 없다고 여길 수도 있고 아무 생각 없이 몰살시켜도 하등의 죄책감 따위가 없을 수도 있다. 슬슬 무섭다.

---

* 독일의 천재 철학자로, 헛된 희망을 부정하고 고통 가득한 현실을 초월하고자 한 염세주의자로 유명.

** "Stephen Hawking warns artificial intelligence could end mankind", <BBC News>, 2014.

구글의 자회사에 있는 뇌과학자 데미스 허사비스는 알파고를 만든 핵심개발자다. 이 형이 2007년 박사과정 중에 쓴 논문이 「해마성 기억상실증 환자는 새로운 경험을 상상할 수 없다Patients with hippocampal amnesia cannot imagine new experiences」인데 학술지로 치면 인지도가 강남스타일급인 《사이언스》가 그해에 가장 우수한 과학적 성과들 중 하나로 선정했을 정도니 말 다했다. 내용을 아주 간단하게 말하면 기억이 없다면 창의성도 없고, 반대로 말해서 창의성이 뇌의 이상한 곳에서 불쑥 튀어나오는 게 아니라 기존에 갖고 있던 기억에서 나오더라는 말이다. 어쩐지 알파고도 기보만 하드디스크에 때려 박았을 뿐인데 창의적인 수를 잘 뽑아냈던 것 같다.

알파고와 이세돌 9단의 세기의 대국 당시 동네 치킨집에 앉아 치맥하는 아재들 사이에서 심심치 않게 알파고라는 단어가 나오는 것을 목격하면서 어떠한 과학자보다도 훌륭하게 과학 대중화를 해낸 알파고와 구글이 개인적으로 기특했고 대견했다. 다만 단순히 '알파고 이 죽일 놈, 우리 이세돌이 이겨야 할 텐데' 수준의 대화가 아니라 알파고가 바둑을 두는 원리에 대한 분석과 논쟁이 벌어졌으면 얼마나 좋았을까?

체스는 경우의 수가 10의 50제곱 정도라서 슈퍼컴퓨터로 제한시간 안에 경우의 수를 충분히 셀 수 있고 블루스크린만 뜨지 않는다면(?) 안전하게 이길 수 있다. 그리고 실제로 1997년 딥블루*가 세계 체스 챔피언 카스파로프를 굴복시켰다. 하지만 바둑은 경우의 수가 10의 172제곱으로 우주의 모든 원자의 수(약 10의 90제곱 개)보다 많다. 즉, 기존의 방식으로 모든 경우의 수를 계산한다면 알파고가 한 수를 내려놓고 나서 고개를 드는 사이 맞은편에는 성인이 된 이세돌 9단의 손자가 둘째 딸 돌잔치를 하고 있을지도 모른다. 이 문제를 해결하기 위해 알파고의 개발자들은 '몬테카를로 트리 탐색'과 '딥러닝'이라는 방식을 적용했다.

몬테카를로 트리 탐색은 인공지능이 빨리 계산하도록 채찍질한다. 그 원리를 말로 설명하면 굉장히 간단한데, 경우의 수 전체를 놓고 답을 찾는 대신에 몇 가지 선택지를 임의로 뽑아놓고 그중에서 고르는 것이다. 갑자기 당신이 휴가를 받아 여행을 갈 수 있게 되었다고 치자. 여행경비와 시간도 무제한으로 있고 어디든 갈 수 있다. 무작정 지도를 펼쳐서

---

* IBM에서 만든 인공지능 컴퓨터로, 정식 체스 토너먼트 대회에서 세계 챔피언을 꺾은 최초의 컴퓨터.

목적지를 고르려고 하면 답이 안 나온다. 지구상에 나라가 너무 많고 나라에 대한 정보도 하나하나 다 찾아봐야 하기 때문이다. 그래서 대표적인 관광지 몇 개만 추려서 정보를 찾아본다. 그럼 훨씬 빠르고 만족스러운 결과를 얻을 것이다.

몬테카를로 트리 탐색이 바로 이런 원리다. 수많은 경우의 수 중에서 대충 몇 개를 뽑아 그중에서 가장 정답에 가까운 것을 고르는 것이다. 물론 수백 수 중 열 수를 뽑아 고른다면 나쁜 수가 나올 수도 있다. 하지만 수천만 수 중 수백 수를 뽑아 고르면 아마 적당히 좋은 수일 것이다. 대충 막 뽑는다는 위험 요소가 있지만 인공지능의 계산능력을 십분 활용하여 선택지를 최대한 늘리는 방법으로 이를 극복한다. 이 선택의 근거는 당연히 알파고의 머릿속에 차곡차곡 쌓여 있는 수백만 개의 기보들에서 온다.

알파고 이전의 바둑 인공지능들은 기존 기보들을 분석해서 이긴 사람의 기보처럼 다음 수를 두도록 개발되었다. 하지만 바둑은 워낙 경우의 수가 많기 때문에 실제 대국에서는 기존 기보와 똑같은 상황이 나오기 쉽지 않았고, 판단의 근거를 상실한 인공지능들은 '어이가 없네?' 유아인처럼 콧바람을 뿜으면서 엉뚱한 곳에 수를 두게 되었다. 이런 문제를 해결하기 위해 인공지능은 더 많은 공부를 해야 할 필요

성이 생겼고 그래서 나온 것이 바로 딥러닝이다.

딥러닝은 스스로 학습하는 공부법(알아서 척척척 스스로 어르..)을 의미한다. 당연히 대입을 위해 공부하는 것은 아니고 인간이 정해둔 프로그램 안에서 상위에 해당하는 점수를 받기 위해 최선을 다해 달리는 것이다. 기보로 이야기하면 어려우니까 섹시 사진으로 예를 들어보자.

인공지능에게 섹시한 사진을 보여준다. 섹시한 사진이 갖고 있는 고유의 특징(예를 들어 수영복을 입었는가, 피부색이 얼마나 보이는가, 사람인가 등)들을 분석해서 엄청나게 많은 사진들을 섹시 사진과 그렇지 않은 사진으로 구분하도록 한다. 기존 인공지능에게는 이런 구분이 어려운 일이었다. 조금만 피사체의 각도나 크기, 조명이 달라지면 입력된 특징을 포착하지 못하기 때문이다. 하지만 빅데이터 속에서 스스로 끊임없이 섹시한 사진을 수집하고 비교하면 여러 가지 불확실한 요소들을 인공지능이 근사하게 판단할 수 있게 된다. 일종의 유연성을 갖추게 되어 생전 처음 보는 사진도 섹시한지 아닌지 알 수 있다는 뜻이다.

즉, 한 번도 본 적 없는 기보라고 해도 유사한 다른 기보를 불러와서 이기는 기보인지 지는 기보인지를 판단하고 이기는 기보를 따라 적당히 비슷하게 바둑을 둔다는 뜻이다. 대국이 점점 길어져도 마찬가지다. 끊임없이 현 상태와 비교해서 어떻게든 이기는 모양의 기보를 완성해나가기 위해 수를 둘 것이다. 이게 알파고 진화의 핵심이다.

+

개인적으로 인공지능은 아직 한참 멀었다고 생각했었다. 알파고의 대국도 경기 자체는 인공지능이 이겼을지 몰라도 겨우 그 정도로 인류를 앞설 가능성이 있다고 손을 들어줄 생각은 전혀 없었다. 그런데 최근 점점 불안해진다. 일본 가는 비행기인 줄 알고 타서 졸고 있었는데 알고 보니 화성으로 가는 탐사선이었던 느낌이라고나 할까? 인공지능의 발전 속도가 생각보다 빠른 정도가 아니라 미쳤다. 국내 인공지능 관련 기업은 대충 300개 정도다. 해외에는 이미 5,000개 이상의 인공지능 기업들이 존재하며 계속 늘어나고 있다. 다들 분야나 세부 목표가 조금씩 다르겠지만 결국 추구하는 건 인공지능의 완성이다.

인공지능은 크게 두 종류로 나뉜다. 사람처럼 스스로 판단해서 모든 일을 할 수 있는 인공지능은 강한 인공지능 strong AI이라 하고 특정 문제만 풀 수 있는 인공지능은 약한 인공지능weak AI이라 부른다. 쉽게 말해 숙제만 하도록 개발되어 열심히 숙제만 주구장창 하는 녀석은 약한 인공지능이지만, 하기 싫어서 미치겠지만 미래를 위해 어쩔 수 없이 숙제를 꺼내서 풀고 있다면 강한 인공지능이 되겠다. 당연히 현재 개발된 모든 인공지능은 약한 인공지능에 가까우며 사람처럼 사고하는 것이 아니라 그렇게 보이도록 노력하는 정도다. 강한 인공지능은 기술적으로 투명드래곤급 넘사벽이니까 무서운 건 지금이 아니다. 가까운 미래다.

이번엔 '알파고 제로'라는 녀석이 또 나왔다. 기보 없이 0.4초에 한 수를 두는 방법으로 72시간 만에 490만 판을 혼자 두고 나서 기존 알파고와 붙었는데 깔끔하게 100전 100승을 했다. 인간의 기보로부터 배우지 않고 정해진 규칙에 따라 스스로 바둑을 두며 학습했더니 오히려 잘못된 지식이나 선입견이 사라져서 훨씬 좋은 학습이 되었다고 한다. 그다음에는 아예 '고(일본어로 바둑)'도 빼버린 '알파 제로'가 탄생했다. 바둑뿐만 아니라 모든 게임의 룰만 입력하면 스스로 성장한다. 알파 제로는 불과 4시간 만에 체스를 마스터했고 24시간 만에 자신의 모태가 된 알파고 제로를 털었다. 장난하는 것도 아니고 이런 식으로 빠르게 발전하는 건 반칙이다. 이제 조만간 스타크래프트, 롤, 오버워치,

배틀그라운드도 알파 제로가 점령하지 않을까 싶다.

그리고 2018년 어느 봄날 사람들은 충격에 휩싸였다. 구글이 두 사람의 전화 대화 음성을 공개했는데 미용실에 예약 전화를 거는 상황이었다. 놀랍게도 그 두 명 중에 한 명이 인공지능이었다. 어찌나 오고 가는 대화가 자연스러운지 다소 사무적으로 경직되어 있는 미용실 점원이 오히려 인공지능처럼 보일 정도였다. 수많은 사람들의 목소리를 수치화해 매우 자연스러운 목소리를 만들어내고 맥락과 음성 데이터를 순간적으로 이해해서 대답하는 구글 듀플렉스라는 기술이다. 실제로 들어보면 정신이 번쩍 들면서 점점 불안해질 것이다.

과거에는 컴퓨터와 인간의 뇌를 종종 비교했다. 컴퓨터의 처리속도가 뇌보다 수백만 배 이상 빠르지만 신기하게도 뇌가 일을 더 빠르게 끝냈다. 이유는 간단했다. 컴퓨터는 한 번에 하나의 일을 할 수 있을 뿐이지만 우리의 뇌는 모든 뉴런과 시냅스들을 동시에 활성화시킬 수 있었다. 우리가 똥을 누면서 핸드폰으로 메일을 확인할 수 있는 이유다. 그런데 인간의 뇌를 모방한 인공신경망이 나오면서 상황이 달라졌다.

우리의 뇌는 다양한 제한요소들을 갖고 있다. 아무리 커

겨봐야 두개골 안에 있기 때문에 커질 수 있는 한계가 정해져 있고, 우리 머리에 있는 생물학적 뉴런은 1초에 200번 활성화되고 축색돌기에서 최대 초속 100미터로 정보를 전달할 뿐이다. 반면에 기계 기판의 정보 처리 속도는 최소 초당 10억 번 작동하며 빛의 속도로 신호가 이동한다.* 클래스 차이가 압도적인 이 상황에서 인공지능은 하드웨어의 크기마저도 제한이 없다. 엄청나게 거대한 비밀창고에 컴퓨터를 쌓아놓기라도 한다면 그 인공지능은 인류 전체의 두뇌를 합친 것보다도 수백만 배 이상의 속도로 지식을 쌓을 수 있다. 만약 인간과 동일한 수준의 사고력을 갖춘 인공지능이 우연히 오늘 개발된다면 내일의 녀석은 이미 지난 수천 년간 인간이 이룩해온 모든 지식을 이해한 성인 혹은 괴물이 되어 있을 것이다.

'로봇의 3원칙'은 SF소설에서 등장한 개념인데, 로봇은 인간에게 해를 끼치지 않으며 인간의 명령에 복종할 것을 내용으로 하고 있다. 하지만 로봇에 탑재될 인공지능의 수준이 어느 정도일지 상상조차 되지 않은 상황에서 과연 의미가 있을까? 인공지능에 비하면 인류는 곱등이 수준일 텐

---

* 「Artificial Intelligence as a Positive and Negative Factor in Global Risk」, Eliezer Yudkowsky, 2008.

데 곱등이가 열심히 갓 태어난 사람에게 달라붙어서 움직이지 말라고 아무리 애원하면 뭐하나? "뭐야?" 이러고 일어나서 툭툭 턴 다음에 발로 밟으면 곱등이 문명은 순식간에 끝장날 텐데. 과연 인류의 미래는 노답인 걸까.

불확실하다. 그래서 더 두렵다. 지금 미친듯이 개발되고 있는 인공지능 소프트웨어들을 막을 이유도 방법도 없다. 어떤 결과를 가져올지 누구도 알 수가 없다. 모든 인간이 꿀을 빨며 세상 편하게 늘어져서 살 수 있는 유토피아가 될 수도 있고 노예가 되어버린 인류가 지하에 숨어 일평생 반역을 꿈꾸는 디스토피아가 될 수도 있다. 다만 한 가지 확실한 것은 우리가 만날 가까운 미래가 지금의 우리에게는 결코 당연하지 않은 현실이 될 것이라는 사실이다. 현재 당연한 모든 것은 사라지고 상상도 못 했던 일들이 벌어지게 될 것이다. 그럼에도 인류가 '만약'이 아니라 '언제'라는 것을 인식하고 '무엇'이 아니라 '어떻게' 해야 할지를 미리 고민한다면 예측할 수 없는 문제도 분명히 답을 찾을 수 있을 것이다. 뭐, 못 찾으면 인공지능에게 사랑받을 수 있을 만큼 성실한 노예의 삶을 준비해야겠지만 말이다.

왜 우리는
슈퍼 히어로에 열광하는가

돌연변이의 과학

최초의 슈퍼 히어로를 슈퍼맨으로 기억하는 사람들이 많을 것이다. 그렇지만 방패를 들고 뛰어다니는 파란 쫄쫄이 아재가 먼저인지 아니면 망토를 두르고 날아다니는 빨간 쫄쫄이 아재가 먼저인지는 중요하지 않다. 중요한 건 지금 전 세계의 사람들이 슈퍼 히어로에 열광하며 다양한 방식으로 다양한 슈퍼 히어로들을 소비하고 있다는 사실이다. 물론 나 역시 그렇다.

슈퍼 히어로물의 대명사인 슈퍼맨은 1934년 SF소설에서 최초로 만들어졌다. 양자역학으로 하이젠베르크가 노벨상을 받은 시기와 비슷하며 현대 물리학에서 요즘 가장 핫한 역할을 맡고 있는 힉스 입자*보다도 훨씬 먼저 등장했다. 우리가 아이들처럼 히어로에 열광하는 행위도 이미 많은 사람들이 수십 년 동안 해온 것이니 그다지 부끄러워할 필요가 없다. 수많은 아이돌 중 취향에 따라 서로 다른 아이돌 멤버에 열광하듯이, 사람마다 좋아하는 슈퍼 히어로가 다르다. 그만큼 슈퍼 히어로의 출신과 능력이 다양해졌다는 말이다. 히어로 중에는 외계인도 있고 막대한 재력가나 천재도 있지만 오늘은 이 중에서 '돌연변이' 히어로를 다루어 보도록 하겠다.

가장 익숙한 돌연변이 히어로는 우리의 친절한 이웃 스파이더맨이다. 스파이더맨은 유전자가 조작된 거미에 물려서 탄생했다. 물론 과학적으로는 가능하지 않다. 거의 모든 거미는 슈퍼 파워 대신에 독을 갖고 있다. 그리고 거미들의 송곳니는 꽤 짧거나 약해서 사람의 피부를 제대로 뚫지 못한다. 스파이더맨의 주인공 피터 파커를 문 요놈이 독거미나 갈색거미에 속하는 종이라고 한다면 심각한 부상을 입힐 수는 있겠지만 그렇다고 자신의 유전자를 송곳니가 낸 상처에 담아 사람에게 전달하기는 어렵다. 과학적인 방법

---

* 입자에 질량이 부여되는 과정에 대해 설명하기 위해 내놓은 힉스 메커니즘은 1964년에 처음 등장했다.

으로 돌연변이를 만들어낼 수 있는 방법들이 몇 가지 있기는 하지만 적어도 무는 걸로는 안 될 것이다. 대신 물린 자리 주변에 통증이 발생하며 신체의 다양한 부위들이 가려울 수 있다.

거미를 잡아다가 유전자에서 거미줄을 만들거나 벽에 달라붙어 기어오르는 능력을 추출했다고 치자. 그리고 거미에 물려 메스꺼움이나 구토, 통증, 오한 등을 느끼고 있던 피터 파커의 집에 몰래 무단으로 침입해서 그 유전자를 추가로 주입했다면 과연 피터 파커는 스파이더맨이 될 수 있을까? 돌연변이라는 건 유전자가 변형되는 것을 말한다. 단순히 유전자를 바꿨을 때 히어로들처럼 끝내주는 능력들을 얻는 게 가능한지를 알기 위해서는 우선 유전자가 무엇인지를 이해해야 한다.

많은 매체에서 마치 유전자가 게임의 치트키*처럼, 인간의 한계를 넘어 말도 안 되는 모든 것을 할 수 있는 전지전능한 도구인 것처럼 소개하기도 하지만 이 녀석은 그냥 우리 몸을 구성하고 있는 것들이 지키려고 노력하는 일종의 지침서다. 셀프 인테리어를 위해 방금 이케아에서 구매해

---

* 게임 중 진행이 어려울 때 사용하는 속임수. 개발자들이 게임 개발 도중 사전 테스트를 위해 사용하기도 한다.

온 탁자를 조립할 때 참고할 수 있는 매뉴얼 같은 것이라고 볼 수도 있고 우럭 매운탕을 끓이는 데 최적의 맛을 낼 수 있는 레시피 같은 것일 수도 있다. 당연히 매뉴얼이나 레시피대로 만들면 완성도가 높고 안전하다. 그런데 현실적으로 항상 그렇게 되는 것은 아니다. 우리는 매뉴얼 없이 감으로 뚝딱뚝딱 만들어내기도 하고 레시피 없이 손맛과 입맛을 조합하기도 한다. 잘못하면 탁자의 다리가 3개나 5개가 되기도 하고, 볼트나 너트가 기대 이상으로 많이 남기도 한다. 그러다가 생각보다 이른 시기에 탁자가 홀로 무너질 가능성도 있다.

물론 망하는 경우만 있는 것은 아니다. 감으로 조립을 하면 매뉴얼을 보고 조립하는 것보다 훨씬 짧은 시간 안에 조립을 마칠 수 있다. 또한 손맛으로 끓인 매운탕으로 새로운 맛의 세계를 열기도 한다. 이렇게 지침을 지키지 않는 행위나 그 결과물을 유전자의 영역에 빗대어 보면 '돌연변이'라고 할 수 있다. 돌연변이가 발생했을 경우 대체로 부정적인 결과를 만날 수 있겠지만 간혹 대박이 터지는 기적을 경험하기도 한다. 그렇지만 여기서의 기적은 비교적 그럴듯한 탁자를 만들거나 꿀맛 매운탕을 끓이는 것이지 홍해를 가르거나 앉은뱅이를 일으키는 것은 아니다.

좀 더 정확하게 말하면 유전자는 단백질을 조립하는 매뉴얼이다. 우리 몸을 구성하는 단백질을 제대로 조립하기 위해서 특이하게 생긴 레고블록 같은 것을 이용하는데 이걸 아미노산이라고 부른다. 출신이 고작 블록 조각 비스무리한 녀석이라 아무리 백날 열심히 조립을 해도 단백질의 기능을 넘어서는 것들은 못 만드는 것이 당연하다. 즉, 원래 단백질은 하늘을 나는 기능을 갖고 있지 않기 때문에 단백질을 아무리 잘 조립해도 하늘은 날지 못한다. 눈으로 레이저를 쏘고 타인의 마음을 조종하는 것도 마찬가지다.

그런데 재미있는 건 거미줄 정도는 가능할 수도 있다는 것이다. 거미줄은 단백질과 수분으로 만들어지기 때문이다. 물론 유전자가 한두 개 바뀌어서는 턱도 없다. 거미줄은 각기 다른 종류의 단백질이 아주 촘촘하고 이상적으로 얽혀 있기 때문에 인공적으로 만들기 어려운 구조라서 생성 자체가 고난이도다. 인류가 만든 가장 강한 섬유인 케블라*도 강철의 5배나 되는 강도를 갖고 있고 굉장히 잘 늘어나지만 거미줄에 비하면 티라노사우루스 앞의 도마뱀 수준이다.

항문이 아닌 손목에서 거미줄이 나오는 것은 우리가 양

---

* 무게는 플라스틱 수준이면서 굉장히 질기고 튼튼한 섬유의 가장 유명한 브랜드명. 방탄복에 활용된다.

보하자. 슈퍼 히어로가 엉덩이 부분이 열리는 대장내시경 바지를 입고 악당들을 추격할 수는 없으니 말이다. 무작정 거미줄을 뽑아낼 수 있다고 해도 문제가 많다. 우선 거미는 거미줄을 미사일처럼 발사해서 건물에 붙이지 못한다. 그럴 만한 동력원이 없기 때문이다. 그저 만들어낸 거미줄에 몸을 묶고 바람이 나를 맞은편 목적지로 데려가주기를 간절히 기도할 뿐이다. 심지어 스파이더맨은 거미줄을 무차별 난사하여 건물에 분리수거도 되지 않는 단백질 쓰레기들을 덕지덕지 붙여놓기도 하는데, 이건 생물학적으로 굉장한 무리를 하고 있는 것이다. 거미조차도 만들어놓은 거미줄을 다시 먹어서 알뜰하게 다시 만들곤 하는데 대표적인 짠돌이 히어로 스파이더맨이 이 귀한 거미줄을 마음껏 낭비하는 것은 설정 오류가 아닐까 싶다. 또한 혈기왕성한 성인 남성이라고 하더라도 하루에 발사할 수 있는 단백질에는 분명 한계가 있기 때문에 자신의 한계를 넘어서 저렇게 거미줄을 만들다가는 순식간에 탈진한다.

✦

이 외에도 돌연변이에 의한 히어로들이 결혼식 하객 단

체사진 찍을 때처럼 몰려나오는 영화가 있다. 바로 〈엑스맨〉이다. 스파이더맨은 거미한테 물렸다는 근거라도 있지만 〈엑스맨〉에 나오는 히어로들은 잡스러운 설명들도 생략해버리고 대부분 그냥 날 때부터 능력을 갖고 태어난다. 아마 딱히 근거에 대한 아이디어가 떨어졌을 수도 있고 한 명씩 히어로가 된 이유를 가져다 붙이기가 촌스럽게 느껴졌을 수도 있다. 그리고 대부분의 능력들은 단백질의 기능을 훌쩍 뛰어넘는다.

엑스맨에 나오는 히어로들은 손에서 불을 뿜거나 주변의 모든 것을 얼려버린다. 벽을 통과하거나 KTX고속철도보다 빠른 속도로 움직인다. 그 밖에도 다양한 능력들이 영화에 등장하는데 이 능력들은 세대를 거쳐서 유전된다. 즉, 초인적인 능력을 갖고 있는 아빠의 딸도 새로운 능력을 갖고 태어나는 것이다. 이런 식으로 굉장히 많은 히어로가 탄생했다.

실제로 돌연변이는 특정 유전자에 이상이 생겨서 새로운 특성이 자손에게 나타나는 것이다. 세상을 구할 수 있는 멋진 능력들 위주로 유전되는 것은 굉장히 운 좋은 일이 아닐 수 없다. 사실 운이 좋은 수준이 아니라 800번 연속으로 로또 1등에 당첨되는 것보다 어려운 일이다. 불가능하다는 말이다. 일반적인 돌연변이는 적혈구의 모양을 바꾸어서 빈혈에 자주 걸리게 한다든가* 다른 형태의 염색체를 보유하는 등 어딘가 결함을 발생시킨다. 그렇다면 돌연변이는 도대체 왜 생기는 걸까?

돌연변이를 유발하는 대표적인 요인에는 방사선, X선, 자외선 같은 전자기파나 화학약품이 있고 스트레스나 영양 상태 등도 영향을 미친다. 이러한 것들은 우리 입장에서 전혀 좋을 것이 없고 가까이 하고 싶지 않은 것들이다. 즉, 돌연변이는 우리가 혹독한 환경에 처했을 때 나타난다고 볼 수 있다.

단백질 조립 매뉴얼에 해당하는 유전자들이 백과사전 전집처럼 뭉쳐 포장된 것을 염색체라고 부른다. 출판사에서 도서의 전집을 출판하기 전 혹시 오타가 있는지 없는지 검토하는 것처럼 우리 몸은 이 염색체가 복제되는 과정에서 혹시 오류가 생겼는지 확인하고 문제가 발생한 부분을 고치는 기능을 갖고 있다. 당연히 검토를 철저하게 하고 문제가 있는 페이지를 확실하게 수정해서 출판하는 것이 유리하겠지만 가끔 제대로 수정이 되지 않은 채로 발간되기도

---

* 겸상 적혈구는 적혈구의 모양이 정상적이지 않고 낫 모양으로 뒤틀려 있다. 산소 운반 능력이 저하된다.

한다. 이게 바로 돌연변이다. 우리 몸이 너무 완벽하여 절대로 돌연변이가 발생할 수 없다면 언제 어떤 상황에서도 동일한 매뉴얼로 만들어진, 동일한 개체들만 존재할 것이다. 물론 완벽하게 통제된 세상에서는 오히려 유리할 수 있다. 하지만 환경도 우리와 독립된 상태로 시시각각 변화한다. 특정한 상황에서는 오히려 오류가 난 부분이 문맥상 매끄러운 문장이 되는 경우가 발생할 수도 있다. 이걸 우리는 진화라고 부르며 이를 위해 돌연변이가 발생한다. 돌연변이는 생명체가 환경에 적응하고 멸종하지 않기 위한 가장 완벽한 형태의 생존 전략인 셈이다.

쉽게 이야기하기 위해 조금 더러운 이야기를 해보겠다. 바로 무좀이다. 무좀약을 바르면 며칠도 되지 않아 금방 좋아지는 것처럼 느껴진다. 하지만 다시 발바닥 상황이 악화되면 어디선가 나타나서 언제 사라졌었냐는 듯이 태연하게 우리를 맞이한다. 여기도 돌연변이 히어로 무좀맨이 있다.

무좀을 일으키는 균 중에 칸디다균이라고 불리는 녀석이 있다.* 이 녀석을 치료하기 위해서 개발된 무좀약이 있

---

* 무좀은 주로 피부사상균이나 칸디다균에 의해 발생한다.

는데* 이것을 사용하면 대부분의 균이 죽게 된다. 하지만 그 와중에 몇몇 특이한 균들은 무좀약을 먹어도 그다지 문제가 없다. 이들이 바로 자연히 발생한 돌연변이다. 그리고 이 균들이 다시 번식을 하게 되면 지난번 사용한 무좀약을 써도 별로 반응이 없다. 전부 약물에 내성을 갖춘 차세대 돌연변이들로 바뀌었기 때문이다. 우리 입장에서는 무좀약을 견뎌내는 새로운 무좀균으로 진화한 것처럼 보이겠지만 무좀균들은 그저 그 척박한 환경에서 살아남은 녀석들끼리 다시 늘어난 것뿐이다. 아주 짧은 시간 동안 확인할 수 있는 돌연변이에 의한 진화라고 볼 수 있다.** 식중독균 등에서도 이런 식의 돌연변이가 자주 발생하며 그 결과 여러 가지 강력한 항생제에 내성을 갖춘 슈퍼 박테리아라는 것도 생겨난다.

'환경에 적응하여 살아남기 위한 돌연변이'라는 말이 인간에게는 어울리지 않는다고 생각할 수도 있다. 인류는 이미 환경에 적응하기보다 환경이 인간에 맞출 수 있도록 바꾸어가고 있으니 말이다. 하지만 어떠한 자연재해로 인간

---

* 칸디다균에게 꼭 필요한 세포막의 필수 구성성분 에고스테롤의 합성을 억제하는 항생제.

** 쉽게 설명하기 위해 무좀균을 예로 들었지만, 실제로 무좀균은 주로 잠복하고 있다가 재발한다.

이 멸종할 수 있을지는 아무도 모르며 분명한 것은 그때가 왔을 때 우리는 일부 돌연변이에 의해서 종의 생존을 유지하게 될 것이라는 점이다.

적혈구의 모양이 바뀌는 돌연변이에 대해 앞서 잠깐 이야기를 했었다. 주로 산소를 운반하는 적혈구가 도넛 모양이 아니라 초승달 모양으로 바뀌는 이 돌연변이는 사실 바뀐 모양새 때문에 제대로 산소를 운반하지 못하고, 심지어 체내에서 이단아로 찍혀 파괴당하기도 한다.[*] 너무 많은 적혈구가 파괴되다 보니 빈혈이나 황달도 일어나고 주요 장기의 기능들이 저하되는 문제가 있기는 하지만 신기하게도 말라리아[**]라는 무시무시한 질병에는 강하다. 말라리아가 주로 적혈구에 감염되다 보니 일반적인 적혈구와 다르게 생긴 돌연변이 적혈구는 말라리아가 쉽게 감염시키기 어려운 것이다. 만약 전 지구가 말라리아로 인해 멸종 위기에 놓인다면 이러한 돌연변이 적혈구를 가진 사람만이 살아남게 되고 인류의 다음 세대는 모두 초승달 형태의 적혈구를 갖고 생존하게 될 것이다.

---

[*] 「Sickle-cell disease」, Rees et al., 2010.

[**] 매년 2억 명 이상의 사람들이 감염되며 수백만 명이 사망하는 질병으로, 학질모기가 옮기는 전염병.

완벽하지 않은 소수의 돌연변이에 의해 유전자는 살아남는다. 살아남은 유전자는 또 다른 위기를 극복할 수 있는 가능성을 최대한 높이기 위해 자연스러운 결함을 만들어낸다. 그리고 우리는 진화라는 이름으로 그 과정을 이해한다.

이제 알았다. 우리는 돌연변이에 열광한다. 슈퍼 히어로 영화가 보여주는 권선징악의 카타르시스나 잘 만들어진 컴퓨터 그래픽에만 열광하는 것이 아니다. 기존 체제에 순응하는 동일한 다수의 결정에 반기를 들며, 전혀 안전하지 않은 새로운 길로 떠나는 소수의 혁명적인 발자국에 박수를 보내는 것이다. 영원한 인류를 위한 치열한 몸부림에 경의를 표하기 위해.

▸▸▸ 더 볼 거리

읽지 말라는 글에는 반드시 이유가 있다

귀신의 과학

늦은 밤 홀로 운전하는 기분은 그리 나쁘지 않지만 집에 가려면 반드시 그 터널을 지나야 한다는 생각에 애꿎은 라디오 볼륨만 키웠다. 집으로 향하는 길에는 자정이 넘으면 귀신이 나온다는 소문의 터널이 있다. 시간은 마침 자정 무렵이다. 찜찜한 기분은 있지만 어쩔 수 없다. 귀신? 애들 장난 같은 소리지. 당연히 귀신은 믿지 않는다. 멀리 터널이 보였고, 코웃음을 치긴 했지만 갑자기 몸에 한기가 들고 속이 떨렸다. 감기 기운이라도 있나 보다.

집에 가서 따뜻한 레몬차라도 한 잔 마셔야겠다는 생각을 떠올리는 순간 갑자기 라디오에서 기이한 소리가 흘러나왔다. "뭐지? 고장인가?" 하며 이리저리 주파수를 돌려보는 사이에 어느새 터널 안쪽으로 깊이 들어와 있다. 일단 라디오가 나오지 않는 정적은 딱히 신경 쓰지 않고 운전에 집중하기로 결심한다. 근데 터널이 이렇게 길었던가? 한참을 달린 것 같은데 아직 터널의 끝은 보이지 않는다. 내 차를 제외하고는 이 터널 안에 차가 한 대도 없는 것같이 느껴진다. 퍽! 전조등이 꺼졌다. 탁! 탁! 탁! 탁! 갑자기 어디선가 마구잡이로 두드리는 소리가 나기 시작했다. 마치 누군가 창밖에서 손바닥으로 두드리는 것 같다. 심장의 박동 소리가 고막까지 전해진다. 우선은 그대로 속도를 유지하며 달리지만 긴장한 탓에 속도는 나도 모르는 새 아까보다 배는 빨라져 있다. 이제 터널 끝이 보인다. 다시 귓가에 1990년대 포크송이 흐르고 라디오가 정상으로 돌아온 것을 알아챈다. 등 뒤로 식은땀이 흐르긴 하지만 아무 일이 없었던 것에 안도하며 천천히 집으로 향했다.

다음 날 아침 자동차 유리창을 보니 정체 모를 손자국이 잔뜩 묻어 있었다. 동네 가까운 세차장을 방문해서, 특히 유리창을 최대한 깨끗하게 해달라고 부탁한 뒤 담배를 한 대 피우는데 세차하던 아르바이트생이 나에게 다가온다.

"아저씨, 이거 손자국, 안쪽에서 찍힌 건데요?"

'귀신이 나오는 터널'이라는 제목으로 떠돌아다니는 무서운 이야기를 먼저 당신에게 들려주었다. 무서운가? 귀신 이야기가 무섭지 않을 이유가 없다. 그런데 잘 생각해보면 대부분의 귀신 이야기는 과학적으로 해석이 가능하다. 즉, 과학을 기반으로 실현 가능성을 타진해보고 실제로 일어날 가능성이 일정 확률 이상이라면 무서워하지 않아도 좋다는 뜻이다. 공포에 떨리는 순간이 충분히 상식적으로 발생할 수 있는 상황이라면 우리는 두려워할 필요가 없다. 그럼 차근차근 터널 이야기를 풀어보겠다.

우리나라 전국 터널의 80퍼센트 이상은 라디오 신호가 원활하게 수신되지 않는 환경이다. 따라서 터널 안으로 진입했을 때 라디오가 마치 꺼진 것처럼 제대로 소리가 안 날 가능성이 있다. 또한 전조등의 수명은 대체로 2년 정도 되지만 과전압이나 주변 온도에 따라서 천차만별로 달라질 수 있다. 특히 많이 쓰이는 할로겐전구*의 경우 플라스마 제논전구나 HID 제논전구보다 수명이 짧아 운전 중 수명을 다하는 경우가 많다.

이제 정체 모를 손자국만 해결하면 된다. 손자국은 유리

---

* 일반적인 백열전구 내부에 미량의 할로겐족 가스를 첨가하여 밝기와 수명을 향상시킨 전구.

창 바깥쪽이 아니라 안쪽에 찍혀 있었다. 귀신이 차 밖에서 유리창만 두드려도 충분히 무서운데, 내 차 안으로 들어와 손자국을 남긴 상황! 이 부분이 바로 반전을 통한 공포의 클라이맥스지만 다른 가능성이 아예 없는 것은 아니다. 일반적인 유리창의 손자국은 외부보다 실내에서 찍힐 가능성이 높다. 특히 아이가 있는 가정에서는 심심치 않게 발생하는 일이다. 손바닥의 기름기로 유막이 형성되면 처음에는 잘 보이지 않다가 온도 차이 때문에 수분이 내부에서 응결되거나 빛이 반사되는 방향에 따라 선명하게 나타날 수 있다. 아마도 주인공이 갑자기 손바닥을 발견하게 된 원인도 여기에 있을 수 있다. 어때? 귀신 이야기가 아직 무서운가? 세상에는 다양한 무서운 이야기들이 있지만, 조금만 다른 과학적 관점에서 접근한다면, 새벽에도 혼자 편안하게 쉬하러 갈 수 있다. 담력마저도 과학으로 길러보자.

✦

영혼이 있다면 아마도 질량을 통해 그것을 증명하는 것이 가장 과학자다운 방식이 아닐까? 여기에 필요한 것은 다분히 이론적이며 수학적인 근거인데 행동을 중시하는 과학자들은 가끔 사고부터 치고 본다. 이건 실제로 이 실험을 시도한 사람의 이야기다.

20세기 초에 덩컨 맥두걸이라는 과학자가 있었다. 그는 만약 영혼이 있다면 질량이 있어야 하고 따라서 분명히 영혼에 무게가 있을 것이라고 생각했다. 이 가설을 검증하기 위해서 6명의 중증 폐결핵 환자들을 침대째로 초대형 정밀 저울에 올려놓고 임종 직후의 체중 변화를 측정했다. 그 당시 기술로 계산할 수 있을 만한 다양한 변수를 고려했지만 놀랍게도 마지막까지 설명할 수 없었던 무게가 남아 있었다. 그것이 바로 21그램, 영혼의 무게가 측정된 순간이었다.

그리고 똑같은 실험을 15마리 개에게도 시도했다. 그런데 개의 경우는 죽는 순간 무게의 감소가 전혀 나타나지 않았다. 이를 통해 동물이 아닌 고귀한 인간만이 영혼을 갖고 있고 그 영혼의 무게는 21그램이라고 알려졌다. 아니 정확하게는 대중들이 아주 잠시 동안 그렇게 믿었을 뿐이다. 시도는 창의적이었으나 인간을 실험체로 사용한 실험이기에 철저하게 과학적인 설계가 불가능했기 때문이다.

이후 많은 과학자들은 반론을 제시했다. 환자 6명 전원에게서 21그램이라는 수치가 나온 것도 아니었고 진행상의 문제로 아예 측정을 못 한 환자도 있었다. 단지 무게 감소의 평균값이 21그램이라고 해서 이 수치를 영혼의 무게로 결정할 수는 없었다. 오차가 크고 실험에 참여한 모집단이 너무 적다는 것도 문제였다. 결국 인간은 사망 시 폐에서 혈액을 식혀주지 않기 때문에 체온 상승으로 땀을 통해 수분이 배출되었다는 사실이 밝혀졌다.

그럼 개는 왜 무게가 줄지 않았을까? 개가 뛸 때 더워서 혀를 내미는 이유를 생각해보면 간단하다. 개는 땀샘이 없어서 호흡으로만 체온을 조절한다. 따라서 죽은 뒤 땀을 통해 수분이 배출되지 않기 때문에 체중이 감소하지 않는다. 결론적으로 덩컨 맥두걸은 자신의 가설을 검증하려 했지만 과학적인 방법과는 거리가 멀었다. 윤리적인 이유 말고도 실험의 근본적인 한계, 오차와 모집단 규모 등의 문제로 학계에서 많은 비판을 받았다.

영혼의 이야기가 나온 김에 유체이탈에 대한 이야기도 해보자. 당신은 유체이탈을 경험해본 적 있는가. 있다면 사실 대부분 꿈이다. 유체이탈을 한 게 아니라 유체이탈을 한 꿈을 꾼 것이다. 어느 날 낮잠을 자다가 갑자기 몸이 떠오르고 아래쪽에 잠자는 자신의 몸을 보았다는 경험담은 이미 여러 차례 들어봤다. 심지어 방을 빠져나와 날아다니다가 다른 영혼을 만났는데 이 영혼이 갑자기 "내가 먼저 들어가야지" 하면서 자신의 몸으로 들어가려 해서 몸을 차지하기 위한 사투를 벌였다는 이야기도 있다. 다양한 유체이탈 꿈들이야 어떻든, 현대 과학에서 유체이탈은 단지 뇌의 착각 정도로 해석한다.

과연 우리의 뇌는 어떻게 착각을 하는 걸까? 캐나다의 연구팀에서는 유체이탈이 가능하다는 사람의 뇌 영상 패턴을 조사해서 잠들어 있는 사이에 운동감각과 관련된 뇌의 일부 부위가 활성화된다는 사실을 확인했다. 우리의 뇌는 잠든 것처럼 육체가 움직이지 않는 상황에서 마치 온몸이 움직이는 것 같은 감각만을 만들어낼 수 있다.* 심지어 연습을 통해서 이러한 능력을 향상시킬 수도 있다.

실제로 유체이탈을 통해 멀리 떨어진 방에서 사람들이 나누는 이야기를 듣고 왔다는 경험담도 있다. 보다 과학적인 해석은 자는 동안 청각이 극도로 예민해진 것으로 보는 것이다. 특수한 상황에서 멀리 떨어진 소리를 아주 가까이서 들리는 것처럼 들을 수 있기 때문에 마치 내가 유체이탈을 해서 가까이 날아갔었다고 뇌에서 착각할 수 있다.

---

* 「Voluntary out-of-body experience: an fMRI study」, Andra and Claude, 2014.

이번에는 도시전설 속으로 들어가보자. '빨간 마스크'라는 괴담이 있었다. 통칭 입이 찢어진 여자라고도 부르며 마스크를 쓰고 다니다가 본인의 찢어진 입을 보여주고는 예쁘냐고 물어본다고 한다. 이때 예쁘다고 하면 너도 이렇게 예쁘게 해준다고 공격하고 안 예쁘다고 하면 열 받아서 공격했다고 하니 그 당시 최고의 답정녀*가 아니었나 싶다.

이제 과학으로 접근해보자. 빨간 마스크가 입을 벌렸을 때 가지런히 치아가 보인다는 목격자들의 증언에 따라 단순히 볼 쪽의 피부만 찢어졌다고 보기는 어렵다. 아마 턱 자체가 보통의 사람보다 훨씬 클 가능성이 높고 귀 바로 옆까지 올라오는 치아의 개수와 크기로 추정해보면, 최소한 130개 이상의 치아를 보유하고 있는 것으로 추정된다.

턱의 크기를 토대로 호모 사피엔스의 골학osteology에 적용해보면 얼굴 또한 굉장히 큰 여성이라는 것을 알 수 있다. 일반적인 마스크(크기가 18센티미터 내외)로는 결코 그 얼굴을 다 가릴 수 없기 때문에, 빨간 마스크는 개인용으로 특

---

* "답은 정해져 있으니 너는 대답만 하면 돼."

191

수 제작된 제품일 것이다. 재봉에 능하다는 빨간 마스크의 특징도 여기서 추측할 수 있다. 게다가 치아 개당 임플란트 비용은 200만 원 내외로 추후 전체 치아 이식 시 2억 6,000만 원가량 소요되기 때문에 관리를 잘못하면 말년에 생활고로 허덕이게 될 수도 있다. 그녀는 알고 보면 딱한 처자다.

콩콩 귀신이라는 것도 있다. 입시 경쟁이 치열하던 한 고등학교에서 항상 2등만 하던 학생이 옥상에서 1등을 떠밀어 죽였다. 이후 밤마다 당시 죽었던 그 모습으로 바닥에 머리를 콩콩 찧으며 자신을 죽인 2등 학생을 찾아다닌다는 것이다. 굳이 콩콩 찍는 이유가 특별히 프로게이머 홍진호 선수와 관련된 것은 아니다. 콩 까지 말자.

콩, 콩, 콩, 드르륵, 여기는 없네.

한 반씩 문을 열고 찾는 소리다. 전교 등수에 대한 통계적인 기반자료가 없다면 아마 당연히 1반부터 찾아다닐 것이다. 그런데 잘 생각해보면 발가락, 발목, 무릎으로 이어지는 3단계의 관절은 점프가 쉽게 가능하지만 목은 관절의 회전반경이 짧아서 불가능하다는 것을 알 수 있다. 혹시 손으로 바닥을 밀고 머리로 착지하는 형태로 이동을 한다면

이론상으로는 가능하나 굉장히 비효율적인 이동 방식이다.

가장 슬픈 내용은 그다음이다. 중력은 언제나 무시할 수 없는 힘이다. 자신의 무게가 모두 실린 중력을 머리가 그대로 받는다면 게다가 강철보다 딱딱한 친환경 PVC* 바닥을 계속 찧으며 다닌다면 콩콩 귀신의 입장에서 절망적인 상황일 수밖에 없다. 행여나 1반부터 시작했는데 2등이 15반쯤 숨어 있다면 목표에 도달하기 전 두뇌에 치명적인 타박상을 입고 사리분별이 불가능한 상태가 될지도 모른다.

이건 지인의 경험담인데, 새로 이사를 간 아파트에서 새벽만 되면 무서운 일이 자꾸 일어난다고 한다. 평소에 귀신을 믿는 성격도 아니고 취미는 어두운 곳에서 공포영화 시청하기인데 도저히 무서워서 잠을 못 자겠다고 할 정도였다. 과연 이 문제를 과학으로 해결할 수 있었을까?

어느 조용한 밤, 불 꺼진 거실에 앉아 평소처럼 조용히 공포영화를 보고 있는데 갑자기 현관 입구의 등이 켜진 거야. 아무도 가까이 간 사람도 없고 혼자 있는데 갑자기 현관에 불이 들어오니까 당연히 놀랐지. 갑자기 싸늘한 기운도 느껴지고 어떻게 대

---
* 교실 바닥에 주로 많이 쓰이는 폴리염화비닐 소재의 바닥재.

응해야 할지 모르겠어서 그 상태로 해가 뜰 때까지 계속 앉아 있었어. 그 뒤로도 몇 번 그런 일이 있었는데 매번 너무 힘들었었어.

현관 입구의 자동점멸등의 센서 원리를 알아보자. 대부분의 사람들은 지나가면 등에 불이 들어오기 때문에 현관 입구에 동작인식 센서가 장치되어 있다고 생각하기 쉽다. 하지만 동작인식 센서는 가시광선인 빛이 있어야 움직임을 관측할 수 있다. 암흑 속에서는 결코 움직임을 발견할 수 없다. 하지만 현관 입구의 등은 야간에 귀가하는 주인을 반갑게 맞이해야 하기 때문에 칠흑 같은 암흑 속에서 켜져야만 쓸모가 있다. 따라서 동작인식 센서 대신에 적외선 센서가 들어간다. 즉, 생명체의 미세한 온도만 측정되어도 바로 불이 켜질 수 있다. 켜진 뒤 바로 꺼져버리지 않도록 초음파 센서를 함께 사용해서 움직임이 감지되는 동안 불이 꺼지지 않도록 하는 최신 기술도 있다.

그렇다면 왜 현관 입구의 등은 혼자 켜졌을까? 적외선 센서는 온도를 감지하기 때문에 사람의 몸이 아니라 뜨거운 공기가 현관에 침입해도 온도의 변화를 느끼고 불이 켜질 수 있기 때문이다. 여름밤 창문을 통해 뜨거운 바람이라도 혹 들어온다면 불이 깜빡하고 켜질 수 있다. 귀신이 아니라 공기의 대류가 공포를 조장하는 원흉이었다. 실제로 지인은 관리사무소를 통해 현관 입구등의 센서 감도를 덜 예민하게 조정하였고 그 이후로는 저절로 켜지는 등을 보지 못했다고 한다.

두려움은 이해하지 못한 현상이나 대상에게서 발생한다. 물론 재미로 작성된 귀신 이야기나 괴담 등의 허구에서 과학적 사실을 이끌어내는 것은 상당히 비과학적 태도다. 하지만 이러한 접근을 통해서 우리가 일상에서 과학적으로 사고하는 습관을 만들 수 있다면 굉장히 보람 있는 작업이 아닐 수 없다.

혹시나 만에 하나 귀신이 존재한다면 이들은 현재 우리를 구성하고 있는 3차원의 물질과 상호작용을 하지 않는 다른 차원의 존재일 가능성이 높다. 만약 당신에게 이들을 만날 기회가 주어진다면 겁내는 대신 인류를 대표해서 많은 질문을 준비해야 할 것이다. 그리고 그중에 하나를 내가 골라줄 수 있다면 이것만큼은 꼭 물어봐주었으면 한다. "그곳에서 물리학의 기본 힘은 어떤 형태로 작용합니까?"

세계가 멸망하지 않는 방법

지구 멸망의 과학

〈문제〉 그리고 세계는 멸망했다. 다음 중 멸망의 가장 직접적인 이유는?

1. 환경 파괴로 식물이 멸종해서 생태계가 파괴되고, 인간이 먹을 것이 없어진다.

2. 빙하기가 찾아오거나 슈퍼 화산이 폭발한다.

3. 인간이 감당할 수 없는 바이러스나 핵전쟁이 발생한다.

4. 과학자들이 블랙홀을 만들어서 모든 것이 그 안으로 빨려 들어간다.

5. 인공지능 혹은 외계인이 자신의 목적을 위해 인류를 학살한다.

6. 거대한 소행성이 지구로 충돌하거나 태양이 팽창해서 지구

를 삼켜버린다.

세계가 멸망한 마당에 퀴즈 따위는 풀어서 뭣 하겠는가? 어쨌든 너무 쉽게 세계를 멸망시킨 느낌이지만 실제로 세계가 멸망할 이유는 이 외에도 많다. 어린 시절, 내 주위의 작은 세계가 무너질까 봐 노심초사하던 기억이 난다. 그 세계를 지키기 위해 나는 부단히도 노력했고 이제 내가 노력한다고 세계가 무너지는 것을 막기는 어렵다는 것을 알 만한 나이가 되었다. 그럴듯한 위기들은 지속적으로 세계를 멸망시키려고 하고 있으며, 연일 뉴스에서는 인류가 조만간 멸종해도 이상하지 않을 만한 이슈들을 극적으로 다루고 있다.

어렵다고 아무것도 하지 않을 텐가? 우리는 세계가 멸망할 가능성에 대해 최선을 다해 알고 있어야 한다. 매도 알고 맞는 게 낫다. 과학을 통한 무조건적인 구원을 바라는 게 아니다. 걱정 어린 눈빛으로 끊임없이 해결방안을 찾으며 마지막의 마지막까지 버텨야 한다. 끝날 때까지 끝난 게 아니다.

만약 절대적인 존재가 인간 세상을 멸망시키려 한다면 크게 세 가지 맥락에서 고민을 할 것이다. 지구를 개판으로 만들어서 멸망시키거나, 우주에서 무시무시한 일이 벌어지도록 유도하거나, 인간 스스로 막장까지 갈 수 있도록 살살 긁어보겠지. 하나씩 정리하면서 가보자.

먼저, 지구가 개판이 되어서 멸망하게 되는 시나리오를 살펴보겠다. 지구 자체가 하나의 생태계이기 때문에 지구 멸망과 관련해서 현실적으로 가장 많이 나오는 이야기는 바로 '환경파괴'다. 환경은 지금까지 파괴되어 왔고 앞으로도 파괴될 것이다. 어떤 사람들은 환경 문제를 내세우며 지구를 지켜야 한다고 주장하지만 지구를 지키는 것과 지구의 환경을 지키는 것은 사실 다른 이야기다. 환경이 파괴되어 인류가 살 수 없는 상태가 되어도 지구는 겨드랑이 털을 하나 뽑은 정도의 느낌만 있을 뿐이다. 아무리 길게 봐도 역사가 300만 년도 채 되지 않은 인류*가 감히 지구를 지킨다니. 발바닥의 무좀 주제에 자기가 서식하고 있는 발의 소유자 건강 상태를 염려하는 꼴이다. 인류가 만든 지구를 지키자는 표어가 지구 입장에서 얼마나 하찮은 문구일지 상상조차 되지 않는다. 지구는 항상 괜찮다. 지구에 에너지를 보내고 있는 태양의 남은 수명만큼, 앞으로 수십억 년은

---

* 아프리카 남부에 출연한 오스트랄로피테쿠스부터 따진 기간이다. 사실 호모 사피엔스는 고작 20만 년 전 출연했다.

더 괜찮을 것이다. 정확하게 말해서 우리의 할 일은 지구를 지키는 것이 아니라, 인류가 생존하기 적절한 형태로 지구 환경을 유지하는 것에 가깝다고 볼 수 있다.

결국 환경을 제대로 지키지 못했고, 파괴된 환경으로 인해 여러 세대를 거쳐 돌연변이*가 발생했다고 치자. 혹독한 환경에 어울리는 육체와 정신을 갖고 있을 것이다. 생존에 적합할 수는 있겠지만 현재 우리가 생각하고 있는 인류의 모습과 거리가 멀어서 당신이 생각하는 기준으로는 인류가 멸종했다고 볼 수도 있겠다. 산소가 부족해서 끊임없이 거친 숨소리를 내며 호흡할 수도 있고 적혈구가 산소와 영양분을 운반하기에 어려움이 많아 녹혈구로 진화한다면 녹색 피를 흘리며 걸어 다닐 수도 있다. 이건 천생 좀비가 아닌가.

지구의 환경과 밀접한 관련이 있는 생명체도 있다. 바로 식물. 지구는 망했지만 떠날 재간이 없어서 그저 버티고 있는 이들이야말로, 영화 〈매드 맥스〉에서 가장 필수적인 자원이 바로 물과 식물인 것처럼, 진정한 의미에서 생산자다. 그런데 인류 생존에 필수적인 식물들에게도 문제가 좀 있

---

* 유전적인 돌연변이는 환경에 적응한 개체만 살아남는 것으로, 갑자기 괴물로 변하는 것은 제외한다.

다. 전 세계 식물은 현재 수십만여 종이나 되는데 이 중 수만 종 이상이 멸종 위기에 놓여 있다. 계속해서 서식지가 파괴되고 기후가 바뀌고 외래종이 침입하면서 점점 날 자리를 잃게 되는 것이다. 많은 식물들이 약물이나 식재료로 쓰이는 상황에서 그다지 달갑지 않은 정보다.

하지만 인류에게 희망은 있다. 들어봤을지도 모르지만 노르웨이의 한 작은 섬에 종자 저장고*가 있다. 일종의 현대판 노아의 방주인데, 지구 멸망 이후 생존한 인류의 남은 자식들을 위해 현재 89만 종류의 식물 씨앗을 보관 중이며 계속 더 많은 종류의 씨앗을 전 세계에서 모으고 있다. 옥수수만 먹지 않아도 된다니** 정말 다행이다.

아직 지구가 개판 되려면 멀었다. 더 센 것으로 가보자. 최근 지구상의 일부 지역에는 빙하기가 현실이 된 것처럼 살인적인 추위가 찾아오기도 했다. 체감온도가 영하 40도 가까이 떨어지기도 하고, 미국 중서부 미네소타에서는 바람의 효과에 따라 더 떨어지는 기온을 측정한 지표인 풍속 냉각 온도가 영하 52도를 기록했다. 극지방도 이 정도까지

---

* 스발바르 국제 종자 저장고. '최후의 날 저장고'라고 불리며 전기 없이 200년까지 버티기가 가능하다.

** 영화 <인터스텔라>에서 인류는 재해 및 병충해 등으로 모든 농작물이 사라진 뒤 오직 옥수수만으로 생존한다.

는 아니라서 이제는 지구 밖 화성 일부 지역과 비교를 해야
할 판이다. 물론 누구도 직접 실험해보지는 않겠지만 알몸
으로 문밖에 나가면 5분 만에 죽을 수도 있다.

시카고에 있는 동물원에서는 북극곰과 펭귄들도 실내로
대피할 정도이며, 화장실 변기통 안의 물도 얼고, 따뜻한 물
을 공중에 뿌리면 〈겨울왕국〉의 엘사처럼 제설의 여왕이
될 수 있다. 나이아가라 폭포마저 얼어버리는 상황이니 말
다했다.

현대판 빙하기의 주요 원인으로 꼽히는 것 중 하나가 바
로 온난화 현상이다. 온난화라고 하면 따뜻해지는 것 아닌
가 싶지만 사실은 반만 맞는 말이다. 온난화 현상으로 북
극의 빙하가 녹아 북대서양으로 유입되는데, 녹은 빙하는
염분이 없는 담수다. 따라서 해수의 밀도가 충분히 높아지
지 않게 되고 물이 심층으로 가라앉지 않게 되는 것이다.
이렇게 되면 물이 제대로 순환하지 못해 적도는 점점 뜨거
워지고 극지방은 점점 차가워지면서 북쪽부터 빙하기가 시
작된다.

우리가 세수를 하려고 물을 튼다고 생각해보자. 뜨거
운 물이 나오는 수도꼭지와 찬물이 나오는 수도꼭지가 각
각 있는데, 무작정 2개의 수도꼭지를 틀고 세수를 하면 다

소 과장해서 얼어 죽거나 화상을 입는다. 이때 적당히 손으로 저어주면 온도가 따끈따끈한 세숫물이 완성되어 쾌적한 환경에 얼굴을 적실 수 있다. 이렇게 저어주는 역할을 사실 바닷속 소금이 한다. 적당히 이동하다가 물이 증발해주면 소금의 농도가 진해져서 다른 물보다 무거워진 물들이 깊은 곳으로 가라앉고, 그 힘으로 아래쪽의 물들을 적도로 다시 밀어낸다. 그 과정에서 적도의 따뜻한 물과 극지방의 차가운 물이 서로 열을 교환하고, 그 덕분에 극단적인 저온이나 고온이 지구에 나타나지 않게 되는 것이다. 그런데 여기에 빙하 녹은 물을 끼얹어버리니 밀도 차이가 약해져서 세숫물을 제대로 저어줄 힘을 잃어버릴 수밖에 없다.

차가운 것만 문제는 아니다. 전 세계에는 슈퍼 화산이라고 불리는 대형 화산들이 조용히 쉬고 있는데, 한번 제대로 작당을 하면 지구는 뜨겁게 끝장날 수 있다. 이미 몇몇 문명들은 화산 폭발로 멸망했다고도 전해 내려온다. 물론 전혀 모르고 있다가 당한다면 슈퍼 화산 폭발 역시 보통 무서운 것이 아니겠지만, 최근 과학자들이 전자현미경 등으로 화산에서 나온 돌멩이를 분석해본 결과 폭발하기 전에 수십 년 동안 마그마가 차올랐던 징후가 있었다는 것을 밝힐 수 있었다.* 즉, 유심히 관찰하면 수십 년 이내에 폭발할 화산을 우리가 미리 알 수 있다는 뜻이다. 수십 년이 짧다면 짧지만 생각하기에 따라 인류가 다른 지역으로 이동하여 생존할 수 있는 시간을 벌기에 충분한 시간이라고도 볼 수 있다.

이러한 사례들이 무섭게 느껴지겠지만 지구 입장에서는 허용 가능한 스트레스를 받은 정도다. 지금부터 벌어질 일들은 인간이 사고할 수 있는 영역 밖에서 시작되며, 그래서 더 무섭다.

✦

자, 그럼 두 번째. 우주에서 무시무시한 일이 벌어져서 멸망하게 되는 경우를 이야기해보자. 2008년 9월, 갑자기 블랙홀이 만들어져서 지구를 삼키고 인류가 멸망할 것이라는 루머가 있었다. 흥미로운 사실은 실제로 스위스 제네바에 있는 연구소**에서 그 시기에 빅뱅을 재현하는 실험을 하고 있었다는 것이다. 물론 블랙홀을 만드는 것이 목적도

---

* 「Before the big volcano blows」, Alexandra Witze, 2012.

** 세계 최대의 입자물리학연구소인 유럽입자물리연구소(CERN).

아니었고, 어딘가에 꼭꼭 숨어 있던 소중한 것*을 발견하기 위한 것이었지만 사람들은 공포에 떨었다. 당연히 갑자기 블랙홀이 지구 근처에서 발생한다면 그것만큼 무시무시한 일은 없겠지만, 웬만큼 운이 좋지 않는 한 결코 블랙홀이 만들어질 수 없으며 설령 만들어진다고 해도 호킹 복사에 의해서 즉시 소멸할 가능성이 높기 때문에 괜찮다. 블랙홀은 우리 주변에 몰래 숨어 있기도 힘든 녀석이니 염려하지 않아도 좋다.

우주에서 지구로 날아오는 것 중에 가장 위협적인 건 소행성이다. 소행성은 말 그대로 작은 행성인데, 이것 역시 태양계의 생성과 함께 만들어진 녀석이다. 보통은 지구 바깥에서 평온하게 돌고 있지만 종종 관종 소행성들은 관심을 끌기 위해 지구에 가까이 접근하기도 한다. 빠르게 이동하는 소행성이 지구로 추락했을 때 대략적인 피해는 다음과 같다. 시내버스만 한 소행성이 떨어지면 수천여 채의 건물들이 파손을 입고, 고층 아파트만 한 소행성이라면 1킬로미터 이상의 충돌구**가 생기면서 일대가 초토화된다. 뭐, 이제 시작이다. 대형 쇼핑몰 부지만 한 소행성이 추락하면

---

* 입자물리학의 표준 모형이 제시하는 기본 입자 가운데 하나인 힉스 입자(힉스 보손).

** 크레이터 혹은 운석공이라고도 하며 구덩이 형태다. 달 표면에 다수 존재한다.

작은 국가가 파괴되고, 종합운동장 총 면적만 한 소행성은 대륙 전체를 작살낼 수 있다. 참고로 공룡을 멸종시킨 소행성의 크기는 울릉도만 한 크기였다. 소행성 추락에 의한 멸망을 막기 위해서는 미리 궤도와 방향을 예측해서 지구와 가까워지기 전에 미리 손을 쓰는 방법 밖에는 없다. 지구에 충돌하는 것이 기정사실화된 소행성의 경우, 아주 멀리 있을 때부터 약간만 궤도를 틀 수 있다면 지구 근처에 와서는 완전히 다른 곳으로 지나가버리게 된다. 그래도 무섭긴 하다.

어쩌면 자연히 추락하는 소행성조차도 그다지 위협적이지 않을 수 있다. 외계인 침공에 비하면 말이다. 지금은 우주로 돌아가신 위대한 물리학자 스티븐 호킹 박사는 지능이 높은 외계인들이 우주를 돌아다니며 다른 문명을 약탈하고 그 행성을 식민지화할 가능성이 있다[*]고 경고했다. 물론 60년 가까이 외계생명체를 찾아 헤매던 과학자들[**]의 입장에서는 우주해적질을 당해도 좋으니, 한 번만이라도 그들을 만나길 소망할 수도 있다. 만나도 걱정, 못 만나도 걱정인 상황이다.

---

[*] "Don't talk to aliens, warns Stephen Hawking", 《The Sunday Times》, 2010.

[**] 외계 지적 생명체 탐사(Search for Extra-Terrestrial Intelligence, SETI) 프로그램 참여자들.

그런데 사실 우주 규모의 재해는 생각보다 조용히 나타날 수도 있다. 지구상 모든 에너지의 근원이자, 이제 막 50억 살이 된 혈기왕성한 태양의 수명이 끝난다면 지구도 조용히 종말을 맞이할 것이다. 삼가 지구의 명복을 빌게 될 경우의 수는 두 가지다. 태양이 늙어서 120억 살쯤 되면 심각하게 팽창한 나머지, 지구가 있는 곳에 닿을 만큼 커져서 지구를 잡아먹어버릴 것이다. 행여나 지구가 운 좋게 태양의 부풀어 오른 뱃살을 피한다고 해도 모든 힘을 소진한 노년의 태양은 더 이상 지구에 충분한 에너지를 줄 수 없을 것이다. 태양으로부터 버려진 고아 지구는 역시 서서히 식으며 태양계 전체가 우주의 먼지가 되는 것을 지켜보게 된다.

지구나 우주가 만들어줄 종말을 기다리는 것은 어떻게 보면 행복한 기다림일 수도 있겠다. 외부 요인으로 인한 아포칼립스*는 당신의 죄책감을 덜어줄 수 있을 테니까. 하지만 자발적인 멸망의 가능성도 분명히 존재한다.

✦

마지막으로, 인간 스스로 막장으로 가서 멸망하는 경우를 생각해보지 않을 수 없다. 이미 우리는 체르노빌 원자력발전소 폭발 사고*와 후쿠시마 원자력발전소 사고를 아주 아프게 경험했다. 의도적인 테러는 아니었지만 방사능 물질이 누출된 양으로만 따지면 웬만한 핵전쟁 피해에 버금간다. 공격적인 목적을 갖지 않았던 일종의 사고로도 아직까지 사람들은 두려움에 떨고 있는데, 아예 끝장을 보겠다는 목적으로 사용되는 핵무기들은 얼마나 심각한 결과를 만들어낼지 걱정이다. 우리는 이미 제2차 세계대전에서 단한 발의 핵무기만으로도 세상에 얼마나 큰 아픔을 가져올 수 있는지를 배웠기 때문에, 쌍방 핵전쟁이 벌어진다면 이것이야말로 인류가 선택한 가장 멍청한 짓거리로 기록되리라는 것을 쉽게 예측할 수 있다. 명언제조기 아인슈타인도 말했다. 제3차 세계대전에서 어떤 무기로 싸울지는 모르겠지만 제4차 세계대전은 막대기와 돌을 들고 싸우게 될 거라고.** 핵전쟁은 우리 문명을 원시시대로 돌려놓을 거라는 말이다.

---

* 1986년 소련에서 발생한 원전 폭발 사고로, 히로시마에 떨어졌던 원자폭탄의 400배에 해당하는 방사능이 누출되었다.

** 『Albert Einstein Quotes』, Einstein, 2012.

인간에 의해 시작됐고 인간이 멈출 수 있다는 점에서 인공지능의 반란도 핵전쟁과 유사하다. 다만 핵전쟁은 그 위험성을 많은 사람들이 공감하고 있기 때문에 만약 벌어진다면 의도적인 멸망에 가까울 것이고, 인공지능에 의한 피해는 결과를 전혀 알 수 없는 황당한 멸망일 가능성이 높다. 내 개인적인 추측으로는, 사람처럼 생각할 수 있는 인위적인 지능을 개발하고 있는 이유는 근본적으로 호기심 때문이다. 그리고 그 결과물은 인간 수천만 명의 두뇌를 합친 것보다 똑똑할 가능성이 높다. 일단은 몇 가지 분야에서만 따라잡히겠지만 곧 모든 분야에서 인공지능이 인간을 능가하리라 본다.

매우 발달한 인공지능이 인류를 창조주로 보고 존경할 것인지, 아니면 지구에서 박멸해야 할 해충이라고 무시할지는 확신할 수 없다. 전자라면 모든 인간은 자신이 인간이라는 종에 속한다는 사실 하나만으로 행복하게 잘 먹고 잘 살 권리를 갖게 될 가능성도 있다. 일을 한 만큼 돈을 버는 것이 아니라, 위대한 인간으로서 생존해주는 가치로 연봉을 받고 일은 인공지능과 로봇들이 하게 되는 것이다. 오히려 걱정되는 것은 인공지능 그 자체가 아니라 인공지능을 사유화하여 욕심을 실체화시키려는 일부의 인류다. 그리고 소수의 인류로 인한 지구 멸망 시나리오는 아마도 더 다양할 것이다.

반면에 아예 인류 자체가 직접적인 지구 멸망의 근거가 되는 경우도 있다. 어떤 인류학자들은 인구의 급격한 증가로 인류가 멸망할 것이라고 예측해왔다. 인간의 생존에 필요한 자원의 수가 인구 증가의 속도를 따라가지 못한다는 것이 그 이유다.

최초의 인류는 여기저기 널려 있는 식물을 채집하고 동물을 사냥하면서 생존했다. 하지만 곧 이런 방식으로는 늘어나는 인구를 감당할 수가 없어, 직접 작물을 재배하고 동물을 사육하면서 더 많은 자원을 얻기 시작했다. 그것도 잠깐이었다. 대다수의 사람들이 농부나 어부가 되었지만 역시 자원은 계속 부족했다. 이를 극복하기 위해 인류는 품종을 개량해서 수확량을 막장드라마 시청률 수준으로 대폭 증가시키고 산업화를 통해 비정상적인 생산을 실현시켰다. 지금까지는 과학자들이 인류학자들의 멸망 예언을 대국민 사기로 만드는 데 성공해왔지만 언제까지 계속 성공할 수 있을지는 모를 일이다.

인류는 생존을 위해 생태계를 자연스럽지 않은 방향으로 이끌고 있다. 이제는 유전자 조작의 수준을 넘어 인공생명체마저 만들어내는 판국이다. 그 과정에서 나오는 문제 중 하나로 바이러스도 있다. 바이러스로 인한 멸망을 자연재해로 볼 수도 있겠지만, 그 바이러스가 무섭게 진화한 배경에 인간의 인위적인 영향이 없다고 말한다면 어불성설일 것이다.

발생 가능한 멸망에 대한 이야기를 하고는 있지만, 멸망을 피할 구체적인 방안을 제시할 수는 없다. 멸망의 원인마다 해답을 찾아도 결국 모든 이유들이 서로 연결되어 있기 때문이다. 단순히 하나의 이유만으로 멸망하는 것이 아니다. 인공지능이 극도로 발전해서 어느 날 문득 인류를 멸망시키고자 해도, 전자시스템으로 연결된 핵무기 대신 도끼와 망치 밖에 없다면 아마도 지구 정복이 쉽지는 않을 것이다. 다만 어떤 방법으로도 멸망할 수 있는 것이 인간이라는 걸 유념해야 한다. 인류가 절대로 멸망하지 않는 길이라는 건 없다. 끊임없이 고민하고 노력해서 결국 살아남는다면, 그제서야 우리는 생존할 수 있는 유일한 길이 무엇이었는지 확인할 수 있을 뿐이다.

▸▸▸ 더 볼 거리

4부

ORBITAL

RECORDS

BESPOKE

INSPIRE

TRAVEL

이 정도는
필수교양!
모르면 손해여

치킨코인으로
배달을 시켜보자

암호화폐의 과학

빛이 있으라, 신이 말씀하셨기에 세상엔 화폐라는 개념이 생겼다. 대부분의 사람들은 고대인들이 물물교환을 하는 과정에서 화폐가 만들어졌다고 생각하지만, 사실 화폐는 빚을 갚기 위해 등장했다고 해도 과언이 아니다. 방금 딴 신선한 포도를 얻기 위해 지금 바로 물고기 10마리를 주는 대신, 나중에 잡아서 주기로 약속하고 대신 조개껍데기를 준 것이다. 아직 잡지 못한 물고기 10마리를 빚진 채로 외로운 어부는 화폐를 발행했으리라. 이처럼 화폐는 사실 누군가가 자신의 신용으로 보증한 약속어음이었다.

살다 보면 돈은 엄청난 가치를 갖고 있는 것처럼 보인다.

누군가* 돈은 최선의 하인이자 최악의 주인이라고 했던가. 돈만 있으면 하지 못할 것이 없고, 돈이 없으면 어떤 것도 할 수가 없는 것이 현재 상황이다. 하지만 아이러니하게도 돈의 가치는 스스로 보유하고 있는 것이 아니라 사회적 약속을 통해 만들어진다. 은행이 해당 면섬유** 위에 적힌 가치를 보장해주는 형태가 바로 화폐다. 그런데 은행이 망한다면? 이 경우에는 내가 맡겨둔 금액과 상관없이 예금자를 보호하는 법률에 따라 5,000만 원까지 돌려받을 수 있다. 더 극단적인 예를 들어서, 은행을 지지하고 있던 국가가 망한다면? 이때는 받기로 한 어떤 것도 돌려받을 수 없다. 이렇게 누구도 내가 갖고 있던 화폐의 가치를 보증해주지 않는다는 걱정에서 시작된 것이 바로 비트코인이다.

아직도 누군지 알려지지 않은 사토시 나카모토(가명)는 2008년에 「비트코인: 개인 간 전자화폐 시스템Bitcoin: A Peer-to-Peer Electronic Cash System」이라는 9페이지의 논문을 공개했다. 그리고 다음 해 비트코인이 처음으로 세상에 나왔다. 비트코인이라는 개념 자체가 생소하기도 했고 그저 프로그래머들 사이에서 능력 과시용 게임 정도로 받아들여지고

---

* 영국의 철학자 프랜시스 베이컨, '아는 것이 힘이다'라는 명언이 더 유명하다.

** 사실 지폐는 종이가 아니라 방직공장에서 발생하는 부스러기 면섬유로 만들어진다.

있었는데, 한 가지 사건으로 인해 비트코인 거래가 본격적으로 시작되었다. 어느 날 저녁 미국의 한 네티즌*이 작성한 글로, 피자 2판을 배달시켜주면 자신이 소유하고 있던 1만 비트코인(당시 시세 4만 원이었으나 2017년 기준 시세는 무려 1,400억 원)을 지불하겠다는 내용이었다. 결국 나흘 만에 그는 따뜻한 피자를 식탁 위에 올릴 수 있었고, 이 사건으로 대중들은 비트코인의 가능성을 인식할 수 있게 되었다.

비트코인은 이제 대한민국에서 너무도 유명한 암호화폐다. 1년 남짓의 시간 동안 1,500퍼센트 이상 가치가 폭등하여 투자 광풍을 불러일으켰고, 언론에서는 다양한 분야의 전문가들이 경쟁적으로 비트코인에 대한 우려를 밝히고 있다. 충분히 공감이 간다. '가상화폐'라고 불리는 비트코인이 실물화폐를 대체할 수 있는지, 혹은 그럴 가능성이 얼마나 되는지가 사회적으로 중요하기 때문이다. 문화 대통령 서태지와 아이들의 〈난 알아요〉가 처음 나왔을 때, 대중들에게는 '힙합'이라는 장르가 곧 서태지의 음악 그 자체였다. 지금은 다양한 힙합과 복합장르가 존재하지만 당시에는 서태지가 우리나라 최초였기 때문에 다들 그렇게 생각했을

---

* 미국 플로리다주 잭슨빌에 거주하는 비트코인 포럼 이용자(닉네임 laszlo).

것이다. 이게 마치 비트코인이 암호화폐의 전부인 것처럼 이해되는 현재의 상황과도 비슷하게 볼 수 있다. 하지만 이 전자화폐 시스템을 자생적으로 돌아갈 수 있게 허락한 '블록체인'이라는 기술이 비트코인보다 훨씬 중요하다. 오늘은 그 이야기를 하려고 한다.

+

우선 용어부터 정리해보자. 한국어로 번역하는 과정에서 오해를 불러일으키는 가상화폐라는 표현부터 마음속에서 지우자. 가상화폐는 마치 실존하지 않는 가상의 통화와 같은 느낌이다. 정확하게는 암호화폐라고 한다. 단어의 핵심은 '암호'이며 지불 수단으로서의 화폐만 뜻하는 것이 아니다. 하필이면 최초로 발행된 비트코인이 화폐 기능에만 집중한 암호화폐다 보니, '실물화폐 대체 가능성'만이 암호화폐의 전부인 것처럼 알려지고 있다. 덩달아 블록체인 기술마저도 가짜 화폐를 만들어내는 위조 수단쯤으로 인식하는 사람들도 있다. 하지만 암호화폐는 실물화폐의 단순한 대체품이 아니라, 전혀 새로운 가치를 지닌다. 기존 화폐의 역할을 그대로 하지 않아도 좋다. 대신 탈중앙화와 암호화라는, 상당히 불가능한 상황을 동시에 만족하는 방법을 찾아낸 해결사다. 바로 블록체인이라는 기술로 말이다.

앞서 말했듯이 우리가 사용하는 화폐의 가치는 누군가 보증해주지 않으면 의미가 없다. 그 역할은 현재 은행이 하고 있다. 만약 은행이 중개하지 않는 상황을 가정해보자. 나와 당신은 매우 절친한 친구 사이다. 그리고 나는 당신에게 개인적으로 5만 원을 빌렸다. 직접 지갑을 열고 5만 원짜리 지폐를 꺼내준 당신은, 아무리 친한 사이라고 해도 돈거래는 불안했던지 나에게 카카오톡 메시지를 일종의 증거로 남겼다.

당신 너 나한테 오늘 5만 원 빌려간 거 알지?

ㅇㅇ 금방 갚을게 **나**

그러나 일주일이 지나도록 나는 빌린 돈을 갚을 생각을 하지 않는다. 며칠 동안 잠수까지 탔다. 당신은 아마 속이 탈 것이다. 이러한 상황에서 어떻게 할 것인가? 카톡 메시지를 제외하고는 증거가 없다. 심지어 도서관에서 당신이 잠든 사이에 몰래 당신의 폰에 남아 있던 카톡 메시지를 찾아 지워버렸고(핸드폰 비밀번호 따위는 해킹으로 열 수 있다고 가정), 내 폰에 있던 메시지 역시 당연히 삭제했다. 이제 더 이상 5만 원을 돌려받을 길이 없어진 것이다. 이런 일을 방지하고자 사람들은 은행을 이용하는 것이다. 직접 지폐를 건네는 대신에 계좌이체를 통해 은행에 암호화된 기록을 남길 수 있다. 이렇게 하면 쉽게 해결된다.

물론 내가 너무 대단한 해커라서 은행 전산망 보안 정도는 눈 감고도 뚫을 수 있을 정도라면 그 기록도 지워버리고 오리발을 내밀 수 있을 것이다. 절대 뚫을 수 없는 암호화를 구축하는 것은 불가능하며 모든 정보가 모여 있는 '중앙'이 존재하는 상황 자체가 리스크가 되기도 한다. 소프트웨어 기술과 다양한 금융규제들이 이 모든 것을 지키기 위해 노력하지만 암호화폐로는 이런 일들을 좀 더 간단하게 해결할 수 있다.

다시 카톡으로 가보자. 역시 나는 당신에게 다시 5만 원을 빌린 상황이다. 그런데 이번에는 당신이 나에게 개인적으로 카톡 메시지를 보내는 대신, 여러 명의 친구들과 함께 있는 단체 카톡방에 증거를 남긴다면 어떨까?

당신 ▸ 너 나한테 오늘 5만 원 빌려간 거 알지?

○○ 금방 갚을게 ◂ **나**

친구1 ▸ 이자는 안 주냐?

친구2 ▸ 오, 빌려줄 돈도 있고 부자네. 쏴라.

　내가 나와 당신의 폰에 있던 메시지를 지우고 오리발을 내민다고 해도 다른 친구들이 본인들의 핸드폰에 남아 있는 증거를 토대로 나에게 돈을 갚으라고 욕을 할 것이다. 물론 내가 천사소녀 네티 수준의 괴도라서, "주님, 오늘도 정의로운 도둑이 되는 걸 허락해주세요" 하고 단톡방 안에 있던 모든 친구들의 집에 찾아가 폰에 남아 있는 메시지들을 전부 지울 수 있다면 증거가 사라질 수도 있다. 뭐, 현실적으로 아예 불가능한 이야기는 아니다.

　그런데 그게 만약 수천 명이 참여하고 있는 단톡방에서 벌어지는 일이라면? 우리나라 5,000만 전 국민이 단톡방 안에 함께 들어가 있다면? 이게 바로 블록체인 기술이다.

모든 거래 내용이 단톡방 안에서 작성되어 단체 카톡에 참여하고 있는 모든 사람이 그 내용을 알고 있으며, 누군가 해킹을 하더라도 참여한 모든 사람의 핸드폰을 해킹하여 메시지를 직접 지우지 않는 이상 증거를 삭제하는 것이 불가능하다. 현존하는 가장 완벽에 가까운 보안이다.

거래 내용에 대한 신뢰도를 보증하는 중앙이 없고 거래에 참여하는 사람 개개인이 모든 거래 내역을 기록하고 확인한다. 따라서 물리적으로 가장 이상적인 암호화에 도달한다. 기존의 보안 방식이 최대한 복잡하고 많은 자물쇠를 금고에 빽빽하게 거는 형태라면, 블록체인을 이용한 이 방식은 금고 자체를 전 세계에 셀 수도 없이 많은 곳에 뿌려두는 방식이다. 그리고 그 금고들은 정기적으로 암호가 바뀌며 끊임없이 새로운 장소로 옮겨다닌다. 내가 해커라도 맥이 빠지는 순간이 아닐까 싶다.

새로운 사람의 유입이 없고, 아무런 활동도 이루어지지 않는 단톡방은 의미가 없다. 이 단톡방에는 사용자가 최대한 많이 들어와서 꾸준히 카톡을 남겨주어야 한다. 그래야 보안이 강해지며 신뢰도가 높은 상태로 유지될 수 있다. 게다가 이러한 행위는 반드시 자발적으로 이루어져야 중앙의 통제가 없는 탈중앙화가 가능하다. 타의에 의한 참여는 결국 또 다른 중앙을 만들어낼 뿐이기 때문이다. 그래서 매우 의롭고 영리한 방식으로 사용자들에게 일종의 보상을 제공한다. 바로 이것이 암호화폐다. 단톡방에 많은 사용자가 참여할수록 네트워크의 신뢰도가 높아지고, 함께 암호화폐의 가치가 높아진다. 암호화폐를 구현하기 위해 블록체인이라는 기술을 개발했지만 결국 블록체인이 활성화되기 위해서는 암호화폐가 필요한 것이다. 이 둘 사이의 연결이 탈중앙화와 암호화를 완성시켰고 시장의 논리에 의해 스스로 자생해갈 수 있는 새로운 기술이 탄생했다.

＋

탈중앙화와 암호화가 완성된다면 실생활에서 어떻게 활용할 수 있을까? 우선 간단하게 선거를 예로 들어보자. 우리가 중요한 의사결정에서 대국민 온라인 투표를 하지 못하는 이유는 신뢰도가 너무 낮고 해킹의 위험성이 높기 때문이다. 그래서 철저히 오프라인으로 투표를 하고 그마저도 중앙선거관리위원회가 관리를 한다. 이렇게 하다 보면 선거를 한 번 새롭게 치를 때마다 들어가는 비용이 3,000억 원이 넘는다. 이게 정말 중요한 의사결정이 아닌 이상 국민 투표를 하지 않는 이유다. 만약 블록체인 기술을 도입한다면? 모든 정보가 투표에 참여하는 국민 전원에게 저장되고 투표 결과는 익명으로 공유되지만 결과를 본인이 직접 확인할 수 있게 된다. 선거가 끝난 뒤 모든 결과가 투명하게 공개된다면 서로가 서로를 부정으로부터 감시하기 때문에 함부로 조작이 불가능하며 매우 저비용으로 공정한 선거가 가능해진다. 거짓말 같은 이야기라고? 이미 스페인은 블록체인을 기반으로 하는 전자투표*를 활발하게 활용하고 있다.

음원시장의 경우를 보자. 가장 문제가 되는 부분은 저작권료와 수익 배분이다. 현재 불필요한 중간 단계를 많이 거치기 때문에 실제 무제한 스트리밍 서비스 이용 시 회당 고작 0.5원 정도만 원작자에게 돌아갈 뿐이다. 여기도 블록체인을 활용하면 저작권 협회나 중계소를 거치지 않고 각각의 블록 안에 저작권이 표시된다. 탈중앙화로 유통 마진이 없어져서 수익 산정이 단순해지고 위변조가 불가능하기 때문에 안전하고 투명하게 수익을 분배할 수 있다. 소위 뮤직코인을 통해 실력 있는 뮤지션이 살아남고 부당한 방법으

* 2014년 창당된 포데모스라는 신생 정당은 '아고라 투표'를 이용해서 온라인 투표로 의사를 결정한다.

로 이득을 보던 다양한 갑들이 힘을 잃을 것이다.

　일찌감치 단순한 증서가 아닌, 그 자체로서 가치를 보유한 치킨을 화폐로 사용하는 편이 나은 것은 아닐까 생각한 적이 있었다. 한 달이 지난 치킨의 맛이 갓 튀겼을 때보다 전혀 떨어지지만 않는다면 이건 매우 좋은 방법일 수도 있다. 물론 비현실적인 이야기다. 하지만 개인적으로는 언젠가 치킨코인도 나오지 않을까 하는 바람이 있다. 닭들의 원산지나 유통과정, 신선도, 조리 방식 등이 매우 투명하게 저장되고 이러한 신뢰를 바탕으로 발행되는 치킨코인을 통해 집에서 맛있게 '반반무마니'를 시켜먹는 것이다. 의료계나 법조계, 투명한 계약이나 거래가 필요한 모든 곳에서 블록체인을 활용할 수 있을 것이다.

　조만간 실물화폐는 사라질지도 모른다. 우리는 이미 손바닥 크기의 카드나 핸드폰으로 대부분의 거래를 한다. 전산이라는 시스템 안에 우리가 팔거나 산 가치는 모두 기록되고 우리는 그 숫자를 믿고 의지한다. 미크로네시아 연방에 속하는 야프섬에서는 가운데 구멍을 뚫은 둥그런 형태의 돌 화폐를 사용하는데, 이 돌 화폐는 최대 4미터에 이르기도 한다. 한 번은 배로 나르다가 바다에 떨어뜨린 경우가 있었는데, 건질 필요 없이 바닷속에 있다는 것을 서로 믿고

소유자만 바뀐 채 그대로 거래를 진행했다고 한다. 이 말은 마을 사람 모두가 그 가치와 소유권을 인정하면 아무런 문제가 없다는 뜻이다.* 야프섬 네트워크에 참여한 사용자들의 신뢰는 오랜 세월 동안 쌓아온 것이겠지만 블록체인을 활용한다면 이 이상의 것도 자발적으로 구축할 수 있다고 믿는다. 화폐의 가치를 이제 특정한 중앙에서 보증하는 대신 개개인 모두가 함께 보증한다면, 누구도 흔들 수 없는 인류 역사상 가장 강력한 신뢰가 만들어질 수도 있다.

영국인들이 가장 사랑하는 실험물리학자이자 전자기학의 아버지 마이클 패러데이가 최초로 전기를 발견했을 때 많은 사람들이 찾아와서 그에게 겨우 이따위 발견이 무슨 쓸모가 있는지 물었다. 그때 패러데이는 이렇게 말했다.

"갓 태어난 아기가 무슨 쓸모가 있겠습니까?"

지금 과연 전기 없는 삶을 상상이나 할 수 있는가? 블록체인도 마찬가지다. 이 아기가 훌륭한 지도자가 될지, 범죄자가 될지는 현시점에서 누구도 확신할 수 없다. 그건 어떤

---

* 『Money Mischief: Episodes in Monetary History』, Milton Friedman, 1992.

핑계를 대도 변하지 않는다. 고아원에 보내거나 무관심으로 일관하는 것은 좋은 해결책이 아니다. 지금은 우유도 주고 어르고 달래서 어떻게든 훌륭하게 키워낼 수 있는 방법을 찾아야 한다.

핑크빛 미래건 세기말적인 디스토피아건 다가올 결과가 중요한 것이 아니다. 쓰나미처럼 몰려올지도 모르는 격변을, 잔잔한 파도일 거라고 미리 가슴을 쓸어내리며 애써 확신한다고 해서 바뀌는 것은 없다. 정말 중요한 것은 누구보다도 빠르게 변화의 흐름을 읽고, 과학기술의 관점에서 인류를 위해 높은 파도를 탈 준비를 하는 것이다. 모든 준비가 완료된 상황에서 해변이 고요하다면 뭐가 문제인가. 누워서 잠시 쉬면 되는 거다. 가장 어리석은 것은 가능성을 충분히 인지하고도 아무런 대비를 하지 않고, 비바람이 들이치지 않기만을 간절히 기도하는 것이다. 언젠가 반드시 바람은 분다. 그리고 이번 바람은 그렇게 간단하게 끝나지 않을 것이다.

▸▸▸ 더 볼 거리

약골의 역습

중력의 과학

부모가 되면 늘 자식 걱정이 앞선다. 어디서 맞고 다니지는 않을까, 길 가다 쓰러지지는 않을까. 자식이 몇 명이건 고민이 없는 날이 없다. 특히 가장 약골인 자식에게 손이 제일 많이 가는 법이다. 부모가 되기 전에는 알 수 없는 부모 마음이다.

태초에 우주 역시 다양한 힘의 형태를 갖춘 자식들을 낳았다. 만화에서처럼 땅, 불, 바람, 물, 마음, 다섯 가지 힘을 하나로 모으면 캡틴 플래닛도 출동하고 좋겠지만, 탄생한 힘들은 네 가지뿐이었다. 이들의 출산이 너무 순식간에 일어났기 때문에 사실상 네쌍둥이라고 해도 과언이 아니지만 굳이 형제 서열을 따지자면 중력, 전자기력, 강력, 약력 순이다. 이 중 가장 맏형이지만 제일 약골인 중력이 오늘의 주인공이다.

우선 당신이 아무것도 하지 않았는데 뭔가 일이 벌어졌다면, 그 범인은 대부분 중력일 가능성이 높다. 들고 있던 머그컵을 실수로 놓쳤을 때 대부분의 사람들은 부주의함을 비난하겠지만, 실제로 머그컵이 깨지는 데 기여한 결정적인 힘은 중력에서 왔다. 애초에 중력이 머그컵을 당기지 않았다면 이런 실수를 할 이유도 없었을 것이다. 그렇다고 실제로 이렇게 핑계를 대다가는 '아싸'가 될지도 모른다. 또, 타고 가던 자전거가 옆으로 쓰러지는 것도 중력 때문이며 말뚝박기 놀이를 할 때 친구가 고통에 몸부림치는 것 역시 중력 때문이다. 심지어 당신이 화장실에서 큰일을 치를 때 당신과 당신의 소중한 갈색 친구가 원활하게 이별을 할 수 있는 이유도 여기에 있다.

그리고 그 외에 느낄 수 있는 대부분의 힘은 전자기력이다. 단순히 자석끼리 서로 당기거나 밀어내는 힘뿐만 아니라 원자 주위를 도는 전자의 반발력으로 서로를 밀어내는 것도 여기에 속한다. 고양이에게 기습뽀뽀를 할 수 있는 것도 전자기력 때문이며, 고양이가 당신 얼굴을 밀치고 따귀

231

를 칠 수 있는 것 역시 전자기력*이 없다면 불가능하다.

당신의 입이 고양이의 뺨에 부딪치는 순간, 적절한 전자기력이 두 존재 간의 원자핵이 융합되어 핵융합 반응을 일으키지 않도록 사전에 밀어냈기 때문에, 당신과 고양이 반경 수천 킬로미터 내의 문명이 보존될 수 있었다. 맞닿는 모든 물질은 전자기력에 의해 안정하게 유지될 수 있으며 바꿔서 말하면 물리학적으로는 보통 제대로 닿기가 어렵다는 뜻이기도 하다.

강력과 약력은 예능에 자주 나오는 아이돌보다도 실제로 만나기가 힘들다. 너무 작은 세계에서 일어나는 일이기 때문이다. 기본적으로 강력은 원자핵을 만들어주는 힘이다. 원자핵은 양성자와 중성자라는 친구들로 이루어지는데 양성자는 양전하(+)를 갖고 있다. 자석의 같은 극처럼 양전하끼리는 전자기력에 의해서 서로 밀어내려고 한다. 가만히 놔두면 원자핵이 쉽게 분해돼버리는 상황에서 어깨동무를 하고 친하게 지내도록 하는 힘이 바로 강력**이다. 전자기력보다 동생이지만 일단 완력이 가장 강하기 때문에 형이라도 어쩔 수 없다.

---

* 따귀를 좌우가 아니라, 위에서 아래로 내려쳤다면 중력의 어시스트 포함.

** 강한 상호작용, 실제로 쿼크 사이에서 발생하는 매우 강력한 힘.

약력*은 주로 핵붕괴를 일으키는 데 관여한다. 이 약력 때문에 중성자가 양성자로 변하고 그 과정에서 에너지가 발생하기도 한다. 약한 상호작용이라는 이름을 갖고 있는 약력보다도 중력이 더 약하다. 대놓고 이름이 호구인 녀석보다 더 호구인 상황이니, 중력의 추락은 과연 어디가 끝인걸까. 실제 힘의 크기를 비교해보면 더욱 통탄할 노릇이다.

우선 약력보다 전자기력이 100배 강하고, 전자기력보다는 강력이 1,000배 강하다. 약력도 강력에 비하면 꽤나 약한 힘이다. 그러면 약체로 동네에서 유명한 중력은 얼마나 작을까. 강력은 중력의 무려 10의 44제곱 만큼 강하다. 100배가 0이 2개라면, 0이 44개 붙은 상황이니 아예 비교조차 되지 않는다. 비교하는 것 자체가 나머지 세 형제들에게 수치다.

너무도 초라한 중력의 힘 때문에, 우리도 이렇게 어이가 없는데 과학자들은 얼마나 당황했을지 짐작이 간다. 도대체 중력은 어릴 때부터 뭘 먹고 이렇게 약체가 된 것일까. 그 전에 알아야 할 것이 있는데, 바로 시공간과 차원에 대한 관점이다.

---

* 전자와 전자 중성미자, 뮤온과 뮤온 중성미자, 타우와 타우 중성미자 사이에 작용하는 힘.

힘은 비록 솜방망이 수준일지라도 사정거리*에 대해서는 중력과 전자기력이 확실히 승산이 있다. 약력이나 강력은 힘이 작용하는 거리가 굉장히 짧아서 매우 가깝지 않으면 제대로 발동이 걸리지 않는다. 하지만 중력과 전자기력은 작용거리가 거의 무한에 가깝다. 이 말은, 즉 아무리 멀리 떨어져 있어도 중력을 느낄 수 있다는 말이다. 반대로 말하면 온 우주 전체에 질량이 있는 모든 물체가 서로 상대방의 존재를 느끼고 있다는 뜻이다. 뭔가 복잡하긴 하지만, 세기의 천재 뉴턴이 이야기했었다. 사과가 지구를 당기고 지구도 사과를 당기기 때문에 사과는 지구로 떨어진다고.**

그런데 곰곰이 생각해보면 지구는 사과만 당기는 게 아니라 질량이 있는 모든 물체를 당기고 있는 것이다. 쉽게 생각하면 자석이 쇠붙이를 당기는 자기력과도 비슷하다. 대부분의 금속 부스러기는 자석으로 당길 수 있고, 거대한 자석이 있다면 근처에 있는 모든 금속은 열심히 달라붙어 있을 것이다. 자기력이 오직 전기가 통하는 물질에만 적용

---

* 작용거리라고도 하며, 영향을 미치는 거리는 약력<강력<중력=전자기력 순이다.

** 영국의 계몽 사상가 볼테르가 만들어냈다거나, 뉴턴의 절친 스터클리가 직접 나눈 대화를 적었다는 설도 있다.

된다면 중력은 질량이 있는 물질에만 적용된다. 천재가 한 말이니까 믿을 만하다고 생각했다. 아인슈타인이 태클을 걸기 전까지는 말이다.

뉴턴의 말대로라면, 질량이 없는 물질은 중력의 영향을 받지 못한다. 우리가 열심히 고무지우개를 자석으로 당겨도 눈 하나 꿈쩍하지 않듯이 말이다. 그런데 놀랍게도 질량이 없는 빛조차도 중력에 영향을 받아서 경로가 휘어진다. 잠깐만, 뭐지? 과학적 명제에 예외가 있어서는 안 된다. 이건 무언가 크게 잘못되었다. 이에 대해 아인슈타인은 흥미로운 제안을 한다.

사실 중력은 물체 간에 작용하는 힘이 아니다.

사과가 지구를 당기고 지구가 사과를 당긴 것이 아니란 말인가? 사과와 지구가 서로 당기지 않았다면 그들은 왜 추락하여 만나게 된 것일까. 혀를 내밀고 있던[*] 우주대천재는 여기서 상대성이론이라는 개념을 꺼냈다.

광활한 우주를 잠시 당신의 부엌으로 옮겨보자. 신선도

---

[*] 아인슈타인의 유명한 사진은 모두들 알 것이다. 참고로 원본 사진 중 하나는 경매에서 1억 원 가까운 금액에 낙찰되었다.

를 유지할 때 쓰는 비닐 랩이 공중에 아주 넓게 깔려 있고 이 투명한 막이 당신을 둘러싸고 있는 시공간이다. 얇은 랩은 잡아당기면 늘어나기 때문에 그 위에 아주 무거운 참치 캔을 올려놓으면 랩이 움푹 파이면서 아래로 늘어날 것이다. 그리고 주변에 아주 가벼운 구슬을 하나 올려놓는다면 구슬은 그저 패인 랩을 따라 서서히 굴러 들어갈 것이다. 랩이 무한히 투명하다면 우리는 구슬과 참치캔이 서로 당기는 것처럼 보일 것이다. 결국 중력이라는 것은 참치캔이라는 질량이 비닐 랩이라는 공간을 직접 변화시키는 것이며, 휘어진 공간의 요철을 따라 주변 물질이 끌려가는 흐름일 뿐이라는 것이 현대 일반상대성이론의 핵심이다.

사실 우주대천재도 여기까지 오기에는 오랜 시간이 걸렸다. 차근차근 이 상대성이론의 긴 여정을 함께하고 싶다면, 지금 당장 현관문을 열고 엘리베이터 앞으로 가보자.

처음에 엘리베이터를 타서 위층 버튼을 누르고 잠시 기다리면, 엘리베이터가 위로 올라감과 동시에 내 몸무게가 무거워지는 느낌을 받게 된다. 갑자기 살이 찐 것은 아니니 걱정하지 않아도 좋다. 이 느낌은 엘리베이터가 더 빠르게 가속할수록 강해진다. 반대로 엘리베이터가 가속을 멈추고 아래로 추락하기 시작한다면 공중에 떠 있는 느낌을 받으며 중력이 없어졌다는 착각에 빠질 것이다. 실제로 이런 상황이 벌어진다면 어떤 느낌인지 표현할 시간은 부족하겠지만.

이처럼 중력은 우리가 움직이는 방향이나 속도에 따라 달라지고, 심지어 아예 사라진 것처럼 느낄 수도 있다. 그럼 이제 중력이 거의 없는 지구 밖 우주 공간으로 이 엘리베이터를 옮겨보자. 처음에는 중력이 없기 때문에 몸이 깃털처럼 가벼울 것이다. 하지만 올라가는 엘리베이터의 속도가 점점 빨라진다면 스스로가 조금씩 무거워짐을 느낄 것이고, 어느 순간부터는 지구에서와 비슷한 몸무게를 느낄 수도 있을 것이다. 혹시라도 어제 과음한 상태로 창문이 없는 이 엘리베이터에서 끙끙거리며 누워 있다면, 여기가 우주인지 내 방 침대 위인지 쉽게 확인할 방법이 없다. 이게 바로 아인슈타인의 상대성이론이다.

상대성이론에는 일반상대성이론과 특수상대성이론, 이렇게 두 가지가 있고 지금 앉은 자리에서 이것을 모두 이해하려 한다면 이 책값의 몇 배를 주어도 힘들 것이라고 확신한다. 그저 간단하게 허세만 부리자면, 두 상대성이론 모두 시공간에 대한 이야기이며 특수상대성이론에 따르면 아주 빨리 움직이는 물체의 시간은 느리게 간다는 것이다. 금은 방의 시계들이 모두 동일한 속도로 초침을 움직이듯이 우주 어디에서나 시간은 동일하게 흘러간다는 것이 당시 보편적인 상식이었다. 그런데 만약 당신이 빛의 속도에 가까운 움직임으로 날아간다면 당신의 시계는 친구들의 것보다 느리게 가게 된다. 빛보다 빠른 짧은 여행을 마치고 다시 약속장소로 돌아와서 보면, 분명히 당신의 시계는 겨우 10여 분이 지났을 뿐인데, 친구들은 점심 먹고 노래방을 들렀다가 딸기바나나 주스를 마시고 이미 귀가했을 것이다.

그리고 이것보다 훨씬 어려워서 아인슈타인조차 10년을 더 연구하고서야 발표한 일반상대성이론이 바로 '약골' 중력과 관련되어 있다. 중력이 매우 강하면 비닐 랩으로 만들어진 시공간 자체가 일그러져서 시간이 느리게 간다는 것이다. 당신이 흘려보내는 시간조차 시공간에 묶여 있기 때문에, 중력이 자신의 힘으로 시간을 붙잡아 다소 천천히 흘러가게 만든다고 이해해도 과학자들에게 몰매를 맞진 않을 것이다. 맞아도 내가 맞겠지.

어쨌든 우주대천재에 따르면 시공간에 작용하는 유일한 힘은 중력이다. 강력한 강력, 약한 주제에 중력보다 훨씬 강한 약력, 엄청나게 여러 곳에 쓰이는 전자기력까지, 날고 긴다는 그들도 시공간은 털끝조차 건드리지 못한다. 그러니까 이상하다는 것이다. 중력은 가장 먼저 태어난 서열 1위이자 시공간을 주무르는 무지막지한 녀석이다. 그런데 왜 이렇게 약해빠졌을까. 딴 길로 충분히 새고 난 뒤에 다행스럽게도 우리는 다시 처음의 질문으로 돌아왔다.

과학자들은 혹시 시공간에 작용하는 유일한 힘이 중력이기 때문에 이 녀석이 시공간을 뛰어넘어 다른 차원으로 새어 나가는 것은 아닐까 생각하기 시작했다. 심지어는 중력 자체가 우리 차원에 존재하는 힘이 아니라 더 높은 차원에서 오는 힘이기 때문에 중력이 우리 세계에서는 약골일 수밖에 없다고 주장하기도 한다. 아스가르드*에서 날아다니던 천둥의 신 토르가 지구에서는 싸움 좀 할 줄 아는 동네 형 수준인 것처럼 말이다.

이미 유럽에서는 다른 차원에 대한 연구를 위해 커다란 도넛 모양 실험장비**를 만들어서 작은 입자들을 지지고 볶고 있다. 엄청난 속도로 입자들을 충돌시키면 간혹 다른 차원으로 넘어가거나 우리 차원으로 넘어오는 부스러기가 발견될 수도 있다. 언젠가 다른 차원의 존재가 확실하게 증명된다면 중력도 약골이라는 오명을 벗을지 모른다.

---

* 마블 코믹스에 나오는 지명으로, 우주 어딘가 떠 있는 다른 차원의 공간이다.
** LHC(Large Hadron Collider)라 불리는 유럽입자물리연구소의 대형 강입자 충돌기.

이미 중력은 할리우드 스타 이상으로 많은 영화들에 기여해왔다. 2013년도에 개봉한 〈그래비티〉는 중력 자체가 영화 제목이자 주인공이다. 영화 〈인터스텔라〉에서는 다른 차원에 있던 주인공이 지구에 있는 딸에게 신호를 보내기 위해 중력을 이용한다. 아마도 영화적 상상력이었겠지만 오직 중력만이 시공간에 영향을 미친다는 과학적 사실에 기반을 두었을 것이다. 시공간을 뛰어넘는 사랑 대신 중력이 영화에 종종 등장한 것은, 아마도 하고 많은 단어들 사이에서 굳이 '중력이 끌어당기다'라는 단어로 pull(당기다)이 아닌 attract(마음을 끌다)를 써왔던 과학자들의 로맨틱한 노력 때문이 아니었을까.

▸▸▸ 더 볼 거리

240

깨끗했던 내 방이
더러워지는 과정

힉스의 과학

'힉스.' 긱스가 아니다. 힉의 복수형도 아니다. 사람 이름은 맞다. 어디선가 들어본 것 같은 이름이다. 그러나 뭔지는 모르겠다. 세상에 이런 게 또 있을까? 들어는 봤지만 한 번도 먹어보지 못한 캐비어나 푸아그라 같다. 그래도 캐비어는 철갑상어 알이라는 것까지라도 알지 힉스는 아예 어디서 온 단어인지도 가물가물하다. 당신이 모르는 것은 당신 탓이 아니다. 물리학을 사랑하는 사람으로서 깊이 반성한다.

이사 온 첫날을 기억해보자. 나의 방, 나만을 위한 작은 공간은 분명히 굉장히 깨끗한 무無의 상태였다. 오직 텅 빈 공간만이 나를 기다리고 있다. 그런데 이상하게도 시간이 지나면 자꾸 무언가 생겨난다. 그것은 바닥의 머리카락일 수도 있고 누군가 흘린 빵 부스러기일 수도 있다. 조금씩 알 수 없는 쓰레기들이 쌓여 나의 생존을 위협하는 상황이 된다면 어느 날 문득 이런 생각이 들 것이다. 과연 이것들은 어디에서 온 것일까?

하나하나 생각해보면 반드시 출처가 있다. 그것은 어제사 온 것이거나 지난주에 흘린 것이리라. 도저히 출처를 모르겠는 꼬불꼬불 머리카락도 나 혹은 나의 방에 들렀던 누군가의 것이라는 추측이 충분히 가능하다. 확실한 건 이 우주에는 무조건 원인과 결과가 있으며 절대 무에서 생겨난 것은 없다. 그럼 이 우주는 어떻게 된 걸까? 신적인 존재의 부르심을 받아 뿅 하고 나타났다고 생각하면 되는 걸까? 종교나 철학적인 이유에 대해서는 대충 넘어가자. 과학자가 신에 대한 이야기를 꺼낸다는 것 자체가 멘붕이 왔다는 증거거든. 왜 나타났는지는 모른 척하더라도 적어도 뿅~ 하고 나타났는지, 뾰옹~ 뿌웅~ 뾰로롱~ 하고 나타났는지 나타난 과정 정도는 알아야 하지 않을까? 이제부터 하려는 이야기가 그것이다.

우주에는 아무것도 없었다고 가정하자. 깔끔하게 책은

덮고 불빛을 통해 기억을 지워버리는 〈맨 인 블랙〉의 뉴럴 라이저를 본 것처럼 다 잊어라. 과학에 당연한 것이나 원래 그런 것들은 없다. 뉴턴은 사과가 바닥에 떨어지는 지극히 당연한 걸 보고도 이유를 찾아 나섰다. 우리도 그 길을 가야 한다.

아마 우주는 분명 시간도 공간도 방탄소년단도 아무것도 없는 상태에서 지금처럼 무언가 있는 상태로 바뀌었을 것이다. 맨 처음 나타난 무언가, 이것에 대한 실마리를 보여주는 것이 바로 힉스 입자, 정확하게는 힉스 보손이다. 입자는 알갱이를 말하는 걸로 잘 알고 있을 테고, 보손이 무엇인지 잘 모를 수 있는데 어렵게 생각할 필요 없다. 왜냐하면 상상보다 훨씬 더 어렵기 때문이다. 그냥 이 과학적 운명을 받아들여라.

보손을 이해하기 위해서는 스핀을 먼저 이해해야 하는데 스핀은 입자가 빙글빙글 도는 동안 운동하는 양을 의미한다. 근데 이게 실제로 돌고 있는 건 아니고 본래 갖고 있는 성질을 비유적으로 표현했다고 보면 좋겠다. 원자핵 주위를 전자가 돌고 있다고 표현하지만 실제로 내 주위를 맴도는 한여름 모기처럼 돌고 있는 건 아니다. 아주 작은 세계로 가면 우리가 생각하는 것과 움직임이 전혀 다르기 때

244

문에 우리는 돈다고 비유하긴 하지만 실제 뭐 하고 있는지
는 알 수 있는 방법이 없다. 그리고 보손은 이 스핀이 정수
로 딱 떨어지는 애들을 의미한다. 스핀이 1이면 한 바퀴 돌
면 원위치, 스핀이 2라면 반 바퀴만 돌아도 원위치, 뭐 이런
거다.* 힉스 입자는 스핀이 0이기 때문에 힉스 보손이라
고 불린다. 여기서 스핀이 0이라는 의미가 어떤 의미일지
는 뒤에서 다시 다루도록 하겠다.

다시 돌아가서, 태초의 우주에는 아무것도 없었다. 우주
도 없었다. 그러다가 빅뱅이 일어났다. 빅뱅 이전과 원인에
대한 이론들도 꽤 있지만 여기서 잘못 설명하기 시작하면
이 글의 주제고 뭐고 전부 작살나는 수가 있다. 그냥 넘어
가도록 하자. 아무튼 빅뱅이 일어났고 에너지의 소용돌이
속에서 어느 순간 무언가가 생겼다. 과학에서 무언가가 '생
겼다' 혹은 '존재한다'라는 말은 함부로 쓸 수 있는 말이 아
니다. 무언가가 생겼다는 걸 판단하는 기준, 그건 과연 언
제 생겼을까? 그게 생기는 순간 우리는 무에서 유로 옮겨
지는데, 그게 바로 질량이다(앞서 「귀신의 과학」에서도 영혼의 존
재를 증명하기 위해 질량을 증거로 실험을 했었다). 질량이라는 것이

---

* 참고로 스핀이 1/2이면 두 바퀴를 돌려야 원위치 되며, 이렇게 스핀이 반정수인 입
자들은 '페르미온'이라고 한다.

나타나면서 '무언가'라는 개념이 생겼을 것이다. 그래서 과학자들은 찾고 있었다. 최초에 질량을 부여한 매개체가 있지 않을까? 그 해답이 바로 물질에 질량을 부여한 입자, 힉스 보손이다.

✦

힉스 보손, 그리고 질량을 만들어낸 매개체에 대한 설명을 하기 위해서는 지금보다 훨씬 더 작은 세계로 떠나야 한다. 천하의 궤도가 혓바닥이 왜 이렇게 길어? 계속 서론만 나오고 있는 것 같은 느낌이 들겠지만, 타짜가 아니라 어쩔 도리가 없다.

우주 한가운데에서 지구로, 지구에서 인간으로, 인간에서 눈곱으로, 눈곱에서 더 작은 세계로 점점 작아지다 보면 대충 성질은 유지하면서 더 이상 작아질 수 없는 원자까지 도달한다. 여기서 더 쪼개면 원자도 원자핵과 전자로 나누어지고 원자핵은 다시 양성자와 중성자로 나누어진다. 그리고 양성자를 또 나누면 쿼크가 된다. 더 이상은 포기다. 여기가 끝이겠지. 더 쪼개지면 머리도 쪼개질 것 같아서 아마 과학자들도 여기서 멈춘 것 같다. 물론 여기서 더 나아가서 쿼크를 끈의 진동으로 설명하는 끈 이론도 있지만 책의 여백이 없어서 생략한다.

우리가 이해하고 있는 이 세계는 12개의 기본 입자로 되어 있다. 바로 6개의 쿼크와 6개의 렙톤이다. 쿼크도 감당이 안 되는 상황에서 갑자기 튀어나온 렙톤도 환영을 받지 못하겠지. 그냥 간단하게 쿼크는 양념치킨, 렙톤은 프라이드치킨이라고 하자. 핫양념, 간장양념, 숯불양념, 닭강정, 불갈비, 갈릭 등 양념치킨에도 종류가 꽤 많은 것처럼, 쿼크도 업 쿼크, 다운 쿼크 등 6종의 쿼크*가 있다고 생각하면 쉽다. 프라이드치킨도 마찬가지다. 베이크치킨이나 크리스피치킨, 파닭 등 6종의 렙톤**이 있는 거다. 가장 유명한 렙톤에는 전자가 있다. 이 12개의 치킨들이 세계를 구성하고 있다.

치킨에 디핑 소스가 빠질 수 없다. 이런 소스들은 물질을 구성하는 입자는 아니다. 대신 소스들을 서로 교환하는 상호작용을 통해 우주에 존재하는 힘이 작용한다. 이런 소스들을 매개 입자라고 부르며 광자, 글루온, Z보손, W보손이 있다.

---

* up, down, charm, strange, top, bottom 쿼크 등 6종.

** 전자, 뮤온, 타우, 전자 중성미자, 뮤온 중성미자, 타우 중성미자 등 6종.

빛으로 우리에게 도달하는 모든 것은 전자기파다. 즉, 전자기력이 힘을 작용하기 위해서는 광자가 필요하다. 우주에서 가장 센 큰형 강력은 글루온을 통해 작용하고, 약력은 Z보손과 W보손이 담당한다. 뭔가 빠진 것 같지? 아직 중력을 매개하는 중력자는 발견되지 않았다. 모든 기본 입자들조차도 전부 질량이 있기 때문에 중력의 영향을 받고, 심지어 우리가 가장 흔하게 느끼는 것이 중력인데도 아직 못 찾았다는 게 재미있다. 대신 최초에 질량을 부여한 중력 앞잡이 녀석을 찾아냈다. 그게 바로 힉스 보손이다.

우여곡절 끝에 겨우 다시 힉스 보손으로 왔다. 정확하게 말하자면 물질에 질량을 부여한 것은 힉스 보손이 아니라 힉스 메커니즘(쉽게 쓰면 힉스 작용의 원리)이며 힉스 보손은 힉스 메커니즘이라는 행위가 일어났다는 명백한 증거라고 볼 수 있다. 그래서 과학자들은 오래전부터 힉스 보손을 죽어라 찾아다녔고 결국 인류는 그 빌어먹을 녀석을 겨우 발견했다.* 너무 욕이 심하다고? 실제로 더럽게 발견이 안 되어서 미국의 한 물리학자**가 힉스 입자에 대한 책을 쓸

---

* 영국의 이론물리학자 피터 힉스는 1964년부터 힉스 보손의 존재를 찾아다녔고, 2013년 노벨 물리학상을 수상했다.

** 1988년 노벨 물리학상을 수상한 미국의 실험물리학자 리언 레더먼으로, 1922년에 태어나 2018년 10월 3일에 눈을 감으셨다.

때 '빌어먹을 입자Goddamn Particle'라고 제목을 지었다. 물론 출판사가 너무 심하다고 말려서 『신의 입자God Particle』라는 제목으로 고쳐 출간되었다. 한때 기독교에서는 힉스 입자가 신의 존재를 증명할지도 모른다고 오해한 적도 있다. 당연히 종교랑 관련 없는 일이다.

힉스 보손의 발견이 얼마나 위대한 일이냐면 단순히 새로운 녀석을 발견한 수준이 아니라 아예 전혀 새로운 형태의 입자를 발견한 것이다. 이건 어떤 과학자도 실험을 통해 발견될지 전혀 엉뚱한 곳에서 갑툭튀할지 아니면 아예 영원히 발견되지 않을지 확신할 수 없는 거였다. 내기를 좋아하셨던 스티븐 호킹 형님도 절대 발견을 못 할 거라고 100달러를 걸었었지만 또 졌다. 뭐, 물리학에서의 레알 위대한 발전은 예상치 못한 결과에서 온다며 좋아하셨다고 한다.

사실 2011년 12월에 힉스 보손에 대해서 발표했을 때 그동안 똥줄 타온 실험물리학자들은 노력을 보상받는다는 생각에 기뻐했을지 모르지만 이론물리학자들은 그 발견이 잘못된 결과였기를 빌었다. 힉스 보손이 발견되지 않는다면 뭔가 더 놀랍고 흥미로운 전혀 다른 것이 또 있다는 뜻이고 이게 훨씬 재미있기 때문이란다. 물론 나 말고 다른 과학자들이 한 말이다. 굉장히 무서운 사람들이다.

이제 힉스 메커니즘을 얘기할 차례가 왔다. 이건 물질에 질량을 부여한 것이다. 질량이 왜 있을까? 과학자들은 질량을 어떤 힘이 작용할 때 저항하도록 만드는 것이라고 정의했다. 가만히 서 있는 서장훈 형님을 밀어도 꿈쩍도 안 하는 건 장훈 형님의 질량이 내가 미는 힘에 저항하기 때문이다. 그럼 왜 저항할까? 바로 '힉스 장'이 있기 때문이다.

질량은 바로 이 힉스 장에 의존한다. 장이라고 하면 구더기 무서워 못 담그는 거라고 생각할 수도 있겠지만 그런 건 아니고 자석으로 생기는 자기장에서 쓰는 장이다. 장은 공간 전체에 존재하지만 그렇다고 공간 안에 먼지처럼 눈에 보이는 건 전혀 없다. 아무것도 없어도 장은 있을 수 있다. 이해가 안 간다면 조카의 크리스마스 선물인 터닝메카드* 를 들고 부엌으로 가서 냉장고에 점점 가까이 대보자. 분명히 아무것도 없는데 냉장고가 조카 장난감을 막 끌어당기는 것처럼 느껴진다. 이게 장이다. 자기장이라는 장이 있기 때문이다. (그러다가 냉장고에 닿으면 변신!) 힉스 장은 좀 다

---

* 자기력을 기반으로 하는 레전드 변신 미니카 완구로 금속에 가까이 대면 미니카가 로봇으로 변신한다.

르다. 자기장처럼 자석 근처에 있는 게 아니라 우주 전체에 퍼져 있다. 자석처럼 특정 물질에 의해서 만들어지는 것이 아니고 어떻게 보면 빈 공간 어디에나 깔려 있어서 힘을 느낄 수 있게 해주는 성질이라고 볼 수 있다.

지금 당신이 사람이 가득 찬 신도림역에 서 있다고 해보자. 사람이 많긴 하지만 2호선을 갈아타러 가는 길은 그리 험난하지 않다. 열심히 계단을 내려가서 전철을 타면 된다. 사람들과는 살짝 부딪히는 정도로만 상호작용할 뿐 당신에게 별로 관심이 없을 것이다. 그런데 신도림에 서 있는 사람이 당신이 아니라 트와이스 쯔위라면 어떨까? 날씬한 체형이기 때문에 매우 빠르게 전철을 타러 갈 수 있을 것 같지만 결코 그렇지 않다. 쯔위를 알아본 수많은 시민들이 사인을 요청하거나 휴대폰으로 찍어댈 테고 아마 전철을 갈아타러 내려가는 것 자체가 불가능할 수도 있다. 인기가 많아 시민들과 상호작용을 많이 하면 느리게 움직일 수밖에 없다. 이게 바로 힉스 장의 효과다. 보이는 것과 관련 없이 가장 무거운 입자는 힉스 장과 가장 많은 상호작용을 하는 입자이고 가장 가벼운 입자는 가장 적은 상호작용을 하는 입자다.

좀 더 들어가보면 힉스 장은 소위 말하는 빈 공간, 즉 진공이라고 이해할 수 있다. 비어 있다는 건 일반적으로 그

공간에 뭉쳐진 뭔가가 전혀 없다는 뜻이다. 하지만 과연 그럴까? 힉스 장은 물질이 아니면서 어떤 에너지를 갖고 모든 곳에 균일하게 퍼져 있다. 딱 힉스 장이 보유한 에너지만 계산하기는 어렵지만 우주 전체에 존재하는 모든 장들의 에너지를 합친 값은 구할 수 있다. 그 결과가 0이라면 진공은 비어 있다고 볼 수도 있겠지만 0이 아닌 어떤 값이 나온다. 그리고 이걸 과학자들은 암흑에너지라고 부른다. 암흑에너지는 진공이 갖고 있는 에너지이며 이 텅 빈 우주 공간의 에너지는 우주 팽창의 가속도를 통해 측정한다.

힉스 장은 세로로 세워놓은 500원짜리 동전처럼 기회만 있으면 쓰러져서 낮은 에너지 상태로 내려가려고 한다. 그 순간 힉스 장은 0이 아닌 특정 값을 갖게 되고 이 값이 기본 입자들에게 질량을 부여한다. 만약에 입자들이 질량을 갖고 있지 않다면 전부 빛의 속도로 움직일 수 있다. 실제로 질량이 없는 빛은 힉스 장과 상호작용을 하지 않기 때문에 최대 속도로 날아다닐 수 있는 것이다.

힉스 메커니즘이 만드는 힘은 아주 짧은 거리에서만 작용하기 때문에 우리가 이 힉스 메커니즘의 성질을 직접 느낄 수는 없다. 하지만 힉스 장을 톡 건드려서 에너지를 주면 바로 입자가 된다. 이게 바로 힉스 보손이며 이게 힉스 메커니즘이 공상과학이 아니라 실제로 존재한다는 걸 말해주는 증거다. 앞에서 말한 힉스 보손의 스핀에도 깊은 뜻이 있다. 스핀이 0이라면 회전과 같은 시공간적 대칭 변환에 대해 변하지 않는다. 좀 더 쉽게 말하면 혼밥을 하는 사람처럼 다른 입자가 없어도 외로워하지 않고 혼자 생길 수 있다는 말이다. 진공이라는 빈 공간 전체에 하나의 장이 온통 퍼져 있으며, 동시에 입자를 만들어낸다.

간단히 복습해보자. 힉스 장과 물질의 상호작용을 힉스 메커니즘이라고 부르며 그 결과로 우리가 느끼는 게 질량이다. 이 이론을 욕하던 사람들이 대부분이었지만 힉스 보손(입자)이 발견되면서 상황이 역전되고 이제는 거의 사실이 되었다. 물론 다음과 같이 아직 인류가 풀지 못한 것도 많아 머리가 아프긴 하다.

1. 힉스 보손이 발견된 건 그냥 특이하게 운이 좋았던 것인 듯?

2. 힉스 보손하고 비슷한 입자가 훨씬 많은데 우리가 못 찾은 듯?

3. 기본 입자들로 표준모형*을 만들어놓기는 했는데 너무 단순한 듯?

---

* 자연계의 기본 입자들을 포함해서 물질 간 어떻게 결합되어 있는지를 현재까지 가장 잘 설명하는 모형.

뭐 급하게 먹어봐야 체할 뿐이고 밥솥을 자꾸 열어봐야 설익을 뿐이다. 솔직히 말하면 현재 힉스 보손은 내가 아는 한 전혀 실용적이지 않다. 현재까지는 그냥 우리의 호기심을 자극하고 우주에 대해 고민하기 좋다는 것 정도다. 하지만 전자의 발견이나 양자역학도 그 당시에는 그랬다. 현재 양자역학이 없었다면 우리는 통신하기 위해 아직도 봉화를 올리거나 말을 채찍질하고 있을지도 모른다. 반도체나 전자 산업에서 그만큼 양자역학의 기여도가 크다. 그러니 힉스 보손을 발견한 지 얼마 되지도 않는 상황에 그것의 실제 응용 방법까지 생각해내지 못하는 게 당연한 것이다. 보채지 말자. 묵묵히 무에서 유가 쌓여가고 있는 방이나 청소하며 기다려보자.

▸▸▸ 더 볼 거리

쓰레기라고
부를 자격

우주쓰레기의 과학

쓰레기는 대체로 어감이 좋지 않은 곳에 쓰인다. 우리가 누군가를 쓰레기라고 부른다면 더 이상 그 사람에 대한 일말의 선한 감정조차 없는 것이리라. 부패한 사람을 지칭할 때에도 종종 활용된다. 쓰레기가 가끔 주목받는 경우는 공원 벤치 위에 먹다 버린 음료수 캔처럼 면전에서 불쾌감을 불러일으킬 때뿐이다. 하지만 우주에서는 좀 다르다. 전 세계의 많은 과학자들이 지금 이 시간에도 지구 주위를 둥둥 떠다니고 있는 우주쓰레기를 주목한다. 여담이지만 우주쓰레기를 연구하는 과학자들이 본인의 이름을 포털에 검색하면 연관 검색어로 우주쓰레기가 뜬다고 한다. 그냥 쓰레기도 아니고 무려 우주쓰레기라니, 모르는 사람이 보면 오해할 수도 있겠다. 전국 각지의 사람들이 해운대에 놀러 가면서부터 해양쓰레기가 발생한 것처럼 인류가 우주로 나아가는 순간부터 역시 우주쓰레기가 발생했다. 수명을 다한 인공위성부터 버려진 로켓 껍데기, 부서진 위성 조각 등 별의별 것들이 전부 떠다니고 있다. 물론 이런 인위적인 쓰레기 말고도 혜성이나 소행성 잔해, 얼음덩어리, 먼지 등 자연적인 쓰레기들도 꽤 존재한다.

문제는 이 쓰레기들이 단순히 악취나 미관상 불편함 등의 피해만을 끼치지는 않는다는 것이다. 지구 주위를 둥둥 떠다닌다고 해서 평화롭게 들릴지는 모르겠지만 실제로 비글 같은 우주쓰레기들은 얌전히 앉아 있지를 못하고 미친 듯이 지구 궤도를 돌고 있는데 그 속도는 초속 8킬로미터 이상 되는 것도 있다. 참고로 보통 총알의 속도가 초속 1킬로미터보다 느리다는 것을 감안하면 그 위력을 알 만하다. 이 정도 속도라면 아무리 작고 가벼워도 부딪히는 순간 작살난다. 게다가 이제는 수백만 개가 넘는 우주쓰레기가 떠돌고 있기 때문에 선량한 인공위성이나 우주정거장들이 괜한 피해를 입을 가능성도 있다.

얼마나 무시무시한 상황인지 좀 더 살펴보자. 크기가 한

뼘 정도 되는 우주쓰레기와 부딪히면 이삿짐을 나를 때 쓰는 대형 트럭이 시속 200킬로미터로 달려와서 들이받는 것과 충격의 양이 비슷하다. 더 큰 녀석들과의 충돌에 대해서는 굳이 예시를 들어 설명할 필요가 없겠다.

지구 주위에는 인공위성이 현재 4,700개* 정도가 돌고 있고 알다시피 그 크기가 꽤 크다. 이 중에 제대로 일을 하고 있는 위성들은 절반이 조금 안 된다. 반 이상은 공허하게 우주 나들이 중이다. 위성을 포함해서 큼지막한 우주쓰레기들의 숫자는 1만 9,000개 정도며 이미 지상으로 떨어진 녀석들은 2만 4,000개 정도 된다. 이미 꽤 많은 우주쓰레기들이 지상으로 떨어졌고 지금도 계속 떨어지고 있는 중이다. 대기권에서 불타 없어지는 녀석들도 있겠지만 1년에 대충 80톤 이상의 우주쓰레기가 지구로 들어온다. 충격적으로 많은 양이다. 축구공으로 따지면 연간 16만 개의 축구공이 하늘에서 떨어지는 격이다. 100원짜리 동전으로 치면 1,500만 개의 동전에 해당한다. 이 동전들을 일자로 붙여놓으면 서울에서 부산까지의 거리보다 길다.

우주쓰레기 하면 떠오르는 영화가 있다. 과거에는 〈아

---

* 우주 표준 및 혁신 센터(Center for Space Standard and Innovation), 2018년 4월 기준.

마겟돈〉이나 〈딥 임팩트〉 같은 블록버스터급 우주재난영화들이 소행성 충돌을 소재로 관객들을 위기에 빠뜨렸었는데, 2013년에 특이하게도 우주쓰레기 충돌을 다룬 영화가 나타났다. 바로 알폰소 쿠아론 감독, 샌드라 블록 주연의 〈그래비티〉다.

1978년 NASA의 도널드 케슬러 박사는 우주쓰레기가 우주 환경에 부정적인 역할을 미칠 것임을 최초로 공론화했고 대다수의 비관론자들로부터 많은 공감을 얻어냈다. 이후 걱정에 휩싸인 사람들은 자신들의 불안한 심리에 이 과학자의 이름을 따 케슬러 증후군이라 불렀다. 영화 〈그래비티〉는 여기서 시작한다. 인공위성 하나가 다른 위성과 충돌하면서 우주쓰레기가 된다. 수천 개로 부서진 파편들은 다시 높은 확률로 다른 위성에 부딪히고, 부딪힌 위성들이 부서지면서 우주쓰레기는 이제 수백만 개로 늘어난다. 그러다 보면 지구 주위가 우주쓰레기로 뒤덮여서 인류는 더 이상 위성을 쏘아 올릴 공간이 없게 되어버리는 것이다. 우리는 그저 우두커니 우주쓰레기가 떨어지기만을 기도하며 지켜볼 수밖에 없다.

위성을 올릴 공간이 없어지는 것뿐만 아니라, 떨어지는 우주쓰레기도 방심할 수 없다. 다행히 자연적인 우주쓰레기는 얼음덩어리가 대부분이라 대기권에서 타서 없어지는 경우가 많으니 안심해도 된다(역시 장어도 우주쓰레기도 자연산이 최고다). 하지만 문제는 인공위성이나 로켓 파편 같은 인위적인 우주쓰레기에서 발생한다. 이들은 문제없이 우주로 나가기 위해서 대기권을 지날 때 불에 타서 손상되지 않도록 설계되었다. 아주 지독한 똥냄새가 풍기는 화장실이 있다고 생각해보자. 처음 그 화장실의 문을 연 사람은 도저히 엄두가 나지 않아서 결국 사용을 포기하고 스스로 부서져 버린다. 하지만 어떻게든 일단 한 번 그 화장실을 쓰고 나면 두 번째로 사용하는 건 처음보다 훨씬 쉽다. 로켓도 마찬가지다. 대기권 밖으로 원활하게 나갔던 로켓이 우주쓰레기가 되어서 지구로 재진입할 때에는 여유 있게 대기권에 몸을 뜨뜻하게 지지며 들어온다. 불에 타서 없어지지 않는다는 말이다.

우주선이나 유성이 대기권으로 들어올 때 대기와의 마찰로 인해서 불타는 것이라고 알고 있을 것이다. 물론 마찰열도 어느 정도 온도 상승에 영향을 주기는 하지만, 실제로는 대기권으로 진입하는 물체의 속도가 너무 빨라서 떨어지는 물체의 앞쪽의 공기들을 엄청난 힘으로 누르게 되고 다른 열의 출입이 없는 상태에서 눌린 공기들이 마치 만원 버스의 내부처럼 온도가 올라가게 되는 것이다.* 이걸 단열압축이라고 하는데 수천 도의 고온까지 온도가 상승해서 공기는 플라스마** 상태가 되어버린다. 그리고 이 인고의 시간을 버텨낸 우주쓰레기들은 결국 지구의 땅을 밟는다.

실제로 우주쓰레기로 인한 피해들이 발생한 적이 있다. 1960년대 쿠바의 한 목장에서는 우주쓰레기에 맞아 젖소들이 죽었고 일본에서는 선박이 우주쓰레기에 맞아 타고 있던 선원들이 부상을 당했다. 사람이 직접 맞은 일도 있다. 1997년에 미국의 로티 윌리엄스라는 여성이 미국 위성에서 떨어져 나온 우주쓰레기에 어깨를 맞았다. 다행스럽고 놀랍게도 크게 다치지는 않았다. 비교적 최근인 2009년에는 영국에 한 가정집의 지붕을 뚫고 우주쓰레기가 내려왔다. 이 시커먼 금속 덩어리는 40년 전에 아폴로 12호를 태우고 발사한 로켓의 연료통이었다.

우주쓰레기 문제는 일회용 쓰레기 문제만큼이나 심각하다. 중국의 버려진 우주정거장 톈궁 1호도 2018년 남태평양에 추락했고 다른 인공위성이나 우주쓰레기들도 마찬가

---

* 열의 출입이 없는 상태에서 외부로부터 힘을 받아 부피가 줄어들면 내부 에너지 증가로 온도가 상승한다.

** 고체, 액체, 기체를 지나 계속 가열하면 도달하는 상태로, 분자가 아예 분해되어 광분하며 날뛰는 상태다.

지로 떨어질 기회를 엿보고 있다. UN 산하에 있는 우주분야 위원회*가 우주쓰레기에 대한 국제적인 공동 대책 마련이 필요하다는 입장을 발표했을 정도다. 뭐, 다 같이 협력해서 문제를 해결하는 건 좋은 일이다. 다만 대부분의 우주쓰레기는 이미 예전에 미국과 러시아에서 전부 만들어놓고는 이제야 공동의 책임이라고 하는 건 공평하지 못하다는 의견들도 많다.

하지만 지금은 싸우기보다 해결을 해야 할 때다. 통상 쓰레기라고 부르는 것들을 처리하는 방법과 우주쓰레기를 처리하는 방법은 접근 방식이 조금 다르다. 우주쓰레기 제거에 중요한 점은 존재 자체의 소멸이나 재사용이 아니라 차지하고 있는 공간을 비켜주는 미덕에 있다. 많은 위성들이 중력이라는 밧줄에 묶인 채 지구 주위를 이어달리기 하고 있는 상황에서 운동회에 참여하지 않거나 자신의 차례를 다 뛴 위성은 배턴을 다음 주자에게 넘겨주고 트랙에서 그만 빠져나와야 한다.

정해진 트랙에서 빠져나오는 방법은 두 가지가 있는데 아주 빨리 뛰어서 아예 묶인 중력의 끈을 끊고 운동장 밖으

---

* UN에서 설립된 유일한 우주 분야 상설 위원회인 우주공간평화이용위원회(COPUOS).

로 뛰쳐나가버리거나 점점 느려지며 걷다가 운동장 안쪽으로 들어와서 멈춰서는 것이다. 예전에는 우주쓰레기를 레이저로 쏴서 맞추고 그로 인해 균형을 잃은 녀석들을 지상으로 떨어뜨리는 방법*도 사용된 적 있었다. 하지만 레이저를 발사하는 비용이 비싸고 궤도가 바뀐 우주쓰레기들이 돌다가 다른 물체와 충돌할 가능성도 높아 최근에는 잘 사용하지 않는다. 우주쓰레기를 지구로부터 아주 먼 곳으로 보내버리는 것 역시 많은 에너지가 들기 때문에 보통은 속도를 떨어뜨려 지구로 추락시켜버리는 경우가 많다. 우주쓰레기에 전자기 밧줄**이나 자살위성***을 달아 감속시키면 점점 고도가 낮아져서 대기권으로 떨어져버린다. 우주쓰레기를 로봇 팔로 직접 회수하거나 소형 위성에 진득거리는 끈끈이 풍선을 달아 최대한 많은 녀석들을 온몸에 붙이고 함께 추락하는 방법도 있다.

양팔을 쭉 벌린 사람이 두 손에 각각 바구니를 들고 있는

---

* Space debris removal using a high-power ground-based laser, Monroe, 1993.

** 일본우주개발기구(JAXA)는 우주쓰레기에 전자기 밧줄을 달아 자기장을 형성하여 그 반발력으로 감속을 유도한다.

*** 우주쓰레기에 달라붙은 뒤에 태양풍을 타는 돛을 펼쳐 낙하산처럼 속도를 줄이는 매우 작은 위성.

형태처럼 생긴 미국의 위성*은 우주쓰레기가 지나가는 길목에서 기다리고 있다가 날아오는 우주쓰레기를 불펜의 포수처럼 기가 막히게 받아낸다. 심지어 단순히 받아내는 것에서 끝나는 것이 아니라 받아낸 우주쓰레기가 갖고 있던 속도를 이용해서 회전하다가 외야 수비수처럼 지구 방향으로 송구한다. 우주쓰레기의 힘으로 우주쓰레기를 처치하는 이이제이以夷制夷는 쓰레기 수거 전략의 극치를 보여준다.

우주쓰레기로 인한 문제와 그로 인해 발생되는 피해들을 생각하면 이건 인류가 직면한 심각한 난제 중 하나다. 과학기술의 발전과 함께 나타나는 다양한 예외적인 현상들은 필연적이며 해결방안을 찾지 못하면 우리를 포함한 모두가 굉장히 불편한 상황에 처할 수도 있다는 것을 인정한다. 실험실에서 탄생한 새로운 개체가 생태계를 파괴하고, 과학기술의 예기치 못한 부작용으로 사막화나 온난화가 진행되어 지구에 피해를 주고 있는 것도 사실이다. 하지만 생태계 파괴나 사막화, 온난화 등과 달리 우주쓰레기는 단순히 과학기술이 만들어낸 부적절한 결과물이 아니라는 점에서 분

---

* 미국 텍사스 A&M대학교에서 제안한 Sling-Sat위성은 최소한의 연료로 많은 우주쓰레기를 제거한다.

명 차이가 있다. 지금은 쓰레기라 불리는 왕년 우주개발의 영웅들로 인해 우리는 우주 공간에 인공위성을 올리고 핸드폰으로 길을 찾으며 어제의 시간과 내일의 날씨를 본다. 현재 불필요해진 것을 쓰레기라고 부르는 것은 사물의 의미를 명확히 규정하는 행위라고 볼 수도 있겠지만 이들에게는 그다지 적절한 정의는 아닐 수도 있다는 생각이 든다.

우리는 우주에 버려진 쓰레기를 처리하는 것이 아니라 인류에게 가장 높고 척박한 곳에서 최선을 다하고 쓰러진 전우의 시신을 수습하는 것이다. 그들은 우주기술 발전에 큰 공헌을 했고, 마지막 힘을 다해 3단 로켓에서 자그마한 위성을 토해내고 난 뒤에도 숨이 끊어지기 직전까지 무언가 더 할 수 있는 일이 없을까 고민했을 것이다. 우리는 그들을 단순히 쓰레기라고 불러서는 안 된다.

아주 작게 비유해보면 당신이 그토록 아끼던 신형 노트북을 건강한 상태로 당신에게 전하기 위해 진주를 품은 조개처럼 대신 짓밟히고 부서졌던 택배상자 안 외로운 스티로폼을 과연 쓰레기라고 깔보아도 괜찮을까? 알맹이를 쏙 빼버리고 나면 남아 있는 것은 흰색 부스러기를 생성하는 처치 곤란의 말랑말랑한 하얀 녀석뿐이다. 시민의식을 갖춘 사람이라면 이제는 쓰레기가 되어버린 그것에게 최소한

의 예의를 갖추어 분리수거장으로 정중히 안내하자. 이것
이 자신의 능력 안에서 최선을 다했던 조력자에 대한 마지
막 배려다.

▸▸▸ 더 볼 거리

맛집탐방
보고서

음식의 과학

데이트를 앞둔 당신에게 대한민국 최고의 맛집들과 각각 방문자들의 후기들을 소개한다. 물론 음식이란 것은 누구나 호불호가 있기 마련이지만 양질의 정보가 많으면 많을수록 데이트 시 유리한 것이 아니겠는가? 다만 우리끼리는 뭔가 다른 게 있어야겠지? 당신의 맛집은 단순히 맛으로 끝나지 않아야 한다. 과학적 허세로 MSG를 듬뿍 쳐보자.

〈김치찜질방〉 9.8점 (조회수 353,281회)

"너무 맛있어서 좀 충격받음;; 원래 김치찜이라는 음식을 좋아하는데 고등어랑 먹으니까 색다르고 돼지고기도 냄새가 전혀 안 나요. 고기는 너무 부드러워서 젓가락을 대기만 해도 쭉쭉 쪼개지고 한 모금만 맛보면 빠질 수밖에 없는 밤막걸리도 기가 막혀서 온몸에 소름;; 밑반찬은 몇 가지 없지만;; 멸치볶음 존 맛!"

선조의 지혜가 담긴 전통 음식, 김치다(김치갓!). 김치에 엄청난 과학들이 숨어 있다는 이야기는 귀지가 엄마의 손맛파이 384겹으로 눌러앉을 만큼 지겹게 들었겠지만 정확하게는 다들 잘 모를 것이다. 김치찜 먹으러 가서 김치의 과학에 대해서 이야기하고 있으면 찐따로 오해받기 십상이지만 누구나 일생에 한 번쯤 설명충이 되어야 할 순간이 온다. 그때 코를 파며 후회하지 않도록 최선을 다해 준비해보자.

김치는 배추를 소금에 절이는 것부터 시작한다. 이거 간 맞추는 거 아니다. 삼투압이라고 알지? 몰려든 팬들이 더 잘나가는 아이돌 쪽으로 이동하는 것처럼 농도가 높은 곳으로 물이 이동하는 현상이다. 소금을 배추 주변에 뿌려두면 배추 속의 물이 줄줄 빠져나와서 배추가 김치 담그기 적당한 상태가 된다.

김치에 갓God이 붙는 이유는 바로 발효식품이라는 점 때문이다. 발효라는 건 사실 썩는 걸 응용한 방식인데 아무리

생각해도 굉장히 창의적인 방법이 아닐 수 없다. 기본적으로 먹을 것이 썩으면 버리는 것이 인지상정인데, 일부러 먹기 위해 썩힌다니 락앤락급의 용기를 가진 진정한 장기 보관 용자다.

가장 오래된 발효 시도 흔적은 중국 허난성에서 발견된 항아리에 남아 있는데 기원전 7000년경 꿀과 과일 등을 이용해서 술을 담근 것으로 추정된다. 역시 대륙의 클라쓰. 이는 항암물질이 다른 술보다 10배 이상 들어 있는 우리나라 고유의 막 걸러낸 술 막걸리*도 비슷한 방식으로 만들어진다. 물론 항암효과를 보려면 13병 이상 마셔야 하는데 막걸리는 건강음료가 아니고 술이라는 걸 명심하자.

발효라는 건 험난한 세상 속에서 먹고살기 위해 아등바등하는 미생물의 대사활동에 의해서 일어난다. 대사활동이 뭔지는 알겠지? 우리가 어젯밤에 먹은 치킨이 에너지로 바뀌거나 똥으로 나오는 걸 대사라고 한다. 이 경우에는 미생물이 뭔가를 먹고 싸는 걸 의미한다. 근데 재미있는 건 이게 한 종류의 미생물에 의해서만 일어나는 것이 아니라는 점이다. 김치의 경우도 유산균과 유해세균 등 여러 종류의

---

* 한국식품연구원 식품분석센터 하재호 박사 연구팀이 막걸리에서 항암물질 파네졸 및 스쿠알렌을 세계 최초 발견했다.

미생물들이 신나게 열일하면서 난리를 쳐서 요런 알싸한 김치 맛*을 만들어낸다.

이미 한차례 미생물 연말회식이 진행되었기 때문에 이후 온도만 저온으로 잘 조절해주면 오히려 장기간 보관도 가능하고, 미생물이 먼저 먹고 싸서 적당히 분해가 된 상태라 소화도 잘된다. 음식에 괜히 갓이 붙는 것이 아니다(앗, 그럼 갓김치는 무엇? 아마 중의적 표현인 듯).

맛을 떠나서 우리 몸 안으로 들어오는 요 미생물들은 꽤나 중요한 녀석들이다. 미생물 하면 뭔가 우리한테 기생하면서 영양분 빨아먹는 더부살이 친구놈 같은 느낌이지만 꼭 나쁜 것은 아니다. 미생물들은 우리의 건강에도 매우 중요한 역할을 하며 다양한 질병들과도 관련이 깊다. 아무런 신호가 없다가 갑자기 긴장하면 급똥이 나올 때가 종종 있는데 이런 걸 과민성대장증후군이라고 부르며, 요게 그 질병들 중 하나다. 가끔 우리는 에너지나 비타민을 이 녀석들이 분해한 것들로부터 얻기도 하니, 미생물이라고 욕하지 말고 감사하며 손잡고 살자. 참고로 이런 미생물이 우리 몸속에는 100조 마리 이상 부대껴서 살고 있다.

---

* 류코노스톡 시트리움(Leuconostoc citreum)이라는 유산균이 젖산과 탄산을 생산해서 나오는 맛 .

<공짜루> 9.2점 (조회수 241,122회)

"중식당인데 이름부터 빵터짐ㅋㅋ 원래 자장면 이런 거 좋아하지 볶음밥은 잘 안 먹는데, 여기는 게살볶음밥 미쳤음ㅋㅋ 고슬고슬 불맛 제대로 태우고, 씹는 맛이 살아 있음ㅋㅋ 음식이 너무 맛있어서 심지어 화장실 냄새까지 좋을 지경ㅋㅋ 킁캬킁캬"

게살볶음밥에는 게가 있을 수 있지만 게맛살에는 게가 없다. 게맛살은 주로 냉동 명태로 만드는데 명태를 두드려 패서 실처럼 뽑아 뭉치면 결이 있는 게살처럼 된다. 여기에 게살 색소를 넣고 껍데기에서 추출한 게 냄새를 넣어 완성된 녀석이 게맛살. 코 막고 먹어봐라. 게 맛 전혀 안 난다(너들이 코 막고 게 맛을 알아? 아는 사람은 안다는 전설의 고전 광고의 신구 아저씨한테 혼나는 수가 있다).

이게 가능한 이유는 바로 음식에서 느끼는 풍미의 대부분이 후각에서 좌우되기 때문이다. 사실 미각은 겨우 몇 가지 맛을 느끼는 게 전부다. 단맛, 짠맛, 신맛, 쓴맛, 감칠맛에 이어 비교적 최근에 밝혀진 기름 맛을 포함해도 얼마 되지 않는다. 하지만 여기에 수백 가지의 후각이 섞이면 엄청나게 다양한 맛을 느낄 수 있게 된다.

코를 막고 포도를 먹으면 단맛과 신맛이 느껴지지만 포

도의 풍미는 느낄 수 없다. 즉, 우리는 코로 음식 맛을 느낀다고 해도 과언이 아니다. 바나나 우유에도 바나나 향만 있을 뿐이고 짬뽕에서 느껴지는 불맛도 사실 입속에서 씹을 때 나오는 기름 탄 냄새가 목젖 뒷부분을 통해 코로 들어가는 것이다. 코로만 느끼나? 아니다. 우리는 눈으로도 느끼고 귀로도 느낀다. 이렇게 느끼는 곳이 많았다니. 19금 아니다. 지금 맛에 대해서 이야기하는 중.

식탁에 놓여 있는 접시의 뾰족한 모서리가 당신을 향하면 접시 방향을 슬쩍 돌릴지도 모른다. 맛이 좀 덜해지기 때문이다.[*] 둥근 치즈를 먹을 때 각진 치즈 조각보다 좀 더 부드럽게 느껴지는 것도 마찬가지다. 심지어 같은 포도주를 마실 때도 좀 으스스하긴 하지만 붉은 조명 아래서 마시면 더 붉게 보여서 훨씬 달게 느껴진다. 맛 자체를 다르게 느끼게 되는 것이다. 감자튀김이 눅눅할 때보다 바삭할 때 더 맛있게 느껴지는 것도 바삭거리는 소리가 들리는 청각 때문이다. 튀김의 바삭한 식감이라는 것은 실제로 맛에 존재하는 것이 아니라 귀에 존재한다는 것을 기억해라. 역시 탕수육은 부먹이 아니라 바삭한 찍먹이다(?).

---

[*] 「Rotating plates: Online study demonstrates the importance of orientation in the plating of food」, Charles Michel et al., 2015.

〈버거왕〉 8.9점 (조회수 199,771회)

"여긴 손님이 왕이 아니라 버거가 왕이라고 해서 엄청 불친절.
그래도 맛은 인정. 패티가 좀 타서 나오는 수제버건데 도대체
왜 맛있는지는 모르겠지만 그냥 맛있음."

이제 우리는 지금까지의 경험을 바탕으로 이름 모를 수
제 햄버거 가게가 왜 유명한지를 과학적으로 분석할 수 있
다. 맛의 비밀, 햄버거 편! 우선 햄버거를 먹기 전 포장지의
바스락거리는 소리로 청각을 자극하면 곧 햄버거를 먹을
거라는 기대감에 이미 입맛이 살아난다. 촉각도 활용하려
면 잘라서 먹기보다 손으로 들고 먹는 것이 좋다. 역시 햄
버거는 손맛! 한입에 전체 조합된 맛을 느낄 수 있도록 높
이는 7센티미터 정도가 적당하다. 먼저 냄새를 맡아보자.
그리고 서서히 눈을 뜨면 오감이 만족스러운 햄버거가 다
소곳이 당신을 기다리고 있다.

스테이크 이야기도 하지 않을 수 없다. 가끔 미숙한 셰프
들은 고기의 표면을 태워서 내부의 육즙을 보존한다고 말
한다. 단백질 겉면을 구우면 굳어서 단단해지고 이렇게 만
들어진 껍데기가 육즙이 못 나오도록 막는다는 것이다. 그
럴싸하지만 뻥이다. 사실 구운 스테이크를 뒤집어도 위나

옆으로 육즙이 새어 나온다. 표면이 지글지글 타는 것 자체가 육즙이다. 만약에 단백질을 구웠을 때 방수가 된다면 우리는 언젠가 비 오는 날 구운 단백질로 만든 우비를 입고 출근을 할 수도 있다. 신박한 잇템이다.

사실이 아님에도 불구하고 당신은 약간 겉면이 탄 고기에서 흥건한 육즙을 경험적으로 느꼈을 것이다. 사실 이거 육즙 아니고 당신의 침이다. 노릇노릇 잘 그슬린 고기를 보면 기대감에 침이 입안 가득 고이고 그걸 씹었을 때 아주 작게 쪼개진 고기입자들이 침과 함께 혀에 흘러 들어가면 맛있다고 감탄하게 된다.

육즙감금 같은 건 일단 무시하고 고기를 맛있게 굽는 법을 알려주겠다. 매우 간단하다. 아주 센 불에서 구우면 된다. 프랑스의 과학자 마이야르가 발견한 '마이야르 반응'인데, 쉽게 말해 섭씨 160도 이상의 높은 온도에서 고기를 구우면 매우 다양한 맛을 내는 물질들이 나온다는 거다. 고기를 물에 끓이거나 전자레인지에 돌리면 구울 때의 맛이 안 나오는 이유가 여기에 있다. 물은 아무리 끓여봐야 섭씨 100도 안팎, 전자레인지의 마이크로파도 수분을 진동시키니 결국 마찬가지다. 100도처럼 낮은 온도에서는 마이야르 반응이 일어나지 않는다. 이제 애인과 분위기를 내기 위해

스테이크 전문 레스토랑에 간다면, 한 조각 썰어 입에 넣고 한마디만 하면 된다. 오늘 마이야르 반응이 나쁘지 않군. 왠지 등신 같지만 멋있다.

> 〈슈파스타〉 8.6점 (조회수 173,322회)
> "친구랑 둘이서 지나가다 우연히 들렀는데 인테리어가 아기자기하고 예쁘다. 우주 최고의 파스타를 만드는 집이라는데 그 정도는 아니고 지구 최고 정도?ㅋㅋ 사장님이 이탈리아 유학파라 그런지 면 삶기도 적당하고 짜지 않고 담백한 파스타 좋아하는 사람 강추! 디저트도 종류가 꽤 많은데 애플파이와 초코케이크는 전문점 못지않다."

데이트는 역시 파스타와 함께! 조리법도 생각보다 매우 간단해서 직접 만들어주기도 좋다(거의 라면급). 물론 라면도 매뉴얼대로 하지 않아 망치는 사람들이 있으니 맛있게 만드는 건 다른 이야기다.

파스타 면을 삶을 때 면끼리 불륜커플처럼 들러붙지 않도록 하려면 끓는 물에 기름을 몇 방울 떨어뜨려야 한다는 말이 있다. 미끌미끌해진다고 생각하면 그럴싸하지만 기름은 물에 섞이지 않고 그저 둥둥 떠다닐 뿐인데 면이랑 만날 기회가 있을지 모르겠다. 식초나 레몬즙같이 산으로 된 액체를 약간 넣어주면 파스타 전분이 풀어지는 걸 막아 덜 뭉치긴 한다.

디저트 이야기도 당연히 빼놓을 수가 없다. 특히 딸기나 바나나 등 과일을 사용한 디저트가 많은데 이런 것들은 과일 자체가 맛있어야 디저트도 맛있는 법. 근데 갑자기 궁금하다. 과일은 껍질을 까보기 전까지는 잘 익었는지 알기가 어려운데 과학으로 미리 알 수 있는 방법이 없나? 수박 아저씨가 칼로 잔인하게 수박을 쑤셔서 한 조각 빼주기 전에 말이다. 수박의 경우 줄무늬가 진하고 꼭지가 마르지 않아야 좋은 수박이라고들 한다. 뭐, 신선도는 알 수 있겠지만 그렇다고 꿀수박임을 보증해주는 것은 아니다. 예전에는 샘플로 몇 개 골라서 과즙을 내고 당도를 측정했지만 요즘엔 훨씬 과학적이다. 근적외선을 쏴서 반사되어 나오는 빛으로 당도를 확인하는 것인데 과일 속의 성분에 따라 반사도가 다르기 때문에 얼마나 달콤한지 알아낼 수 있다.

달다고 다 좋은 건 아니다. 단걸 너무 많이 먹으면 당화반응이 일어나게 되는데 이게 매우 치명적이다. 우리 몸에서 일어나는 다양한 반응들은 정상적으로 조절이 가능해야 한다. 그런데 이 당화반응은 조절이 제대로 되지 않는 랜덤

반응이다. 당 덩어리가 책상에 엎드려 자다가 흘린 침처럼 아무 단백질에나 철썩 달라붙는데 혹시나 중요한 단백질에 붙는 경우 기능에 문제가 생긴다. 특히 피부에 붙으면 피부 탄력이나 주름을 담당하는 단백질들이 빳빳하게 굳어버려 서 주름지고 늘어진 피부가 되어버린다. 젊게 살고 싶으면 단 음식을 줄여야 한다.

우리는 일평생 쉬지 않고 코든 입이든 뭐라도 사용해서 계속 맛을 본다. 그리고 우리에게 오감으로 훌륭한 맛의 오 케스트라를 선사한 식당이 가끔 나타난다면 블로그에 감동 적인 후기를 적어놓을 것이다. 흥미롭게도 혀가 아니라 내 장에서도 비슷한 일이 생긴다. 명절 때 고향에 내려가면 부 모님이 현관으로 마중을 나오듯이 우리 몸에 포도당이 들 어오면 몸에서는 인슐린이라는 호르몬이 나온다. 포도당 수치를 일정하게 유지시키기 위해서다. 지난 수십 년간 과 학자들은 포도당을 주사로 맞을 때보다 입으로 먹을 때 왜 더 많은 인슐린이 분비되는지 고민했고 결국 소장에 존재 하는 미각세포가 혀처럼 단맛을 감지한다는 것을 알아냈 다.* 입안이 아니라 배 속에도 혀와 같은 센서가 있으며 소

---

* 「Taste receptors of the gut: emerging roles in health and disease」, I. Depoortere, 2013.

장이 써내려간 맛집 블로그 글을 참고해서 몸이 호르몬 양을 조절하는 것이다.

음식 재료나 요리의 가짓수만큼이나 그 안에 담긴 과학도 끝이 없다. 일찍이 우리 선조들은 밥상머리 교육을 매우 중요하게 여겼다. 이제는 밥상머리에서 인성 교육뿐만 아니라 과학을 나눠보자. 식탁에서 과학으로 썰을 풀 만한 용기, 그것 하나면 충분하다.

▸▸▸ 더 볼 거리

죽지 않는 좀비
고양이의 탄생

양자역학

긴장하시라. 정말 재미있는 이야기다. 날치알 비빔밥을 한 숟가락 떠먹었을 때처럼 읽을 때마다 머릿속에서 재미가 톡톡 터질 것이다. 그 주인공은 바로 '양자역학'이다. 이름만 들어도 턱 밑에 여드름이 난다는 바로 그 양자역학! 100년 동안 수많은 과학자들을 멘붕시켰던 그거 맞다. "재미 같은 소리하네" 하고 깜빡 속았다는 생각이 들 수 있겠지만 속는 셈치고 딱 한 번만 읽어봐라. 일단 어느 정도 읽고 나면 버스 기다리다가 기다린 시간이 아까워서 택시를 못 타는 것처럼 여기까지 읽었다는 아까움에 이해가 될 때까지 계속 읽게 될 것이다. 그러다가 어느 순간 "아, 이게 행복이구나" 할 것이다.

단언컨대 지금부터 들려줄 내용은 맨 정신으로 이해하기 힘든 거니까 일단 맥주를 한 캔 꺼내자. 아, 청소년들은 콜라나 사이다, 탄산으로 가즈아! 이걸 제대로 알고 있는 사람은 우리나라에서 100명도 채 안 되리라고 확신한다. 물론 나도 마찬가지다.

'양자'라고 하면 친자가 아닌 양자라고 생각할 수도 있고 두 사람을 떠올릴 수도 있다. 하지만 그 양자가 아니다. 양자는 쉽게 말해 아주 극도로 작은 녀석이다. 먼저 양자역학의 배다른 동생인 고전역학을 짚고 넘어가자.

세상에는 많은 물질들과 자연현상들이 있는데, 이 모든 것을 운동으로 이해하려고 하는 시도가 바로 고전역학이다. 그것도 아주 자연스럽게 말이다. 〈스타워즈〉의 "암 유어 파더" 다스 베이더처럼 고전역학의 아버지가 있다면 당연히 뉴턴이다. 낙엽을 봤는지 사과를 봤는지는 아직도 제보가 분분하지만 암튼 떨어지는 무언가를 보고 뉴턴 형님은 자연스러움을 느꼈다. 사실 세상의 모든 것은 자연스럽게 움직이고 있고 우리는 그것들의 위치와 속도만 정확하게 알면 모든 것을 예측할 수 있다는 것이 고전역학의 핵심이다.

심지어 연인들이 언제 키스할지도 알 수 있다. 키스하는 순간으로 가보자. 입술과 입술이 닿기 1초 전 두 사람의 입술 위치와 속도를 안다면 1초 후 보드라운 국제입술정거장에서 도킹이 일어날 것을 예측할 수 있다. 또 거기서 1초 전 그리고 또 1초 전… 이런 식으로 계속 짧은 과거로부터 현재를 추측한다고 했을 때 두 달 전 둘의 입술이 어디서 무엇을 하고 있었는지 알 수 있다. 반대로 말하면 두 달 전 두 입술의 위치와 속도를 알 수 있을 때 우리는 언제 키스할지를 알 수 있게 되는 것이다. 물론 입술 외의 다른 입자들과 다양한 외부 힘들이 가해질 때마다 위치와 속도는 수정되겠지만 말이다.

그래, 좀 과장이 섞이긴 했지만 이런 식으로 현재의 위치와 속도를 정확하게 안다면, 그리고 추가로 가해질 외력들을 미리 알 수 있다면 우리는 미래를 볼 수 있다. 이 세상 자체가 이런 운동들로 가득 차 있으니까. 고전역학은 이렇게 상식적이다. 물론 모든 물질들의 위치와 속도를 안다는 게 쉬운 일은 아니니까 비과학적인 사이비 점술은 아니다. 고전역학을 통해 미래를 예측할 수 있다는 말을 하려는 것도 아니다. 중요한 건 물질들의 상태는 이미 위치와 속도처럼 처음에 정해진 조건에 의해 결정되어 있다는 거다.

그런데 양자역학은 결정되어 있지 않다(1차 멘붕). 이게 고전역학과의 가장 큰 차이점이다. 고전역학에서는 위치와 속도를 알면 모든 것을 깔끔하게 다 알 수 있다. 누군가 내게 갑자기 주먹을 날려도 주먹의 위치와 속도를 미리 알면 고전역학에서는 이론적으로 충분히 피할 수 있다. 그런데 양자역학의 세계라면 어떠한 예측도 할 수 없이 맞을 확률만 기다려야 한다. 심지어 그 주먹이 나를 통과해서 지나가던 뒷사람을 때릴 확률도 있다. 아주 짧은 시간 후에도 무슨 일이 일어날지 알 수가 없다. 이게 양자역학이다. 이러니 과학자들이 이걸 좋게 볼 이유가 없다.

실제로 양자역학은 세기의 이빨 전쟁을 일으킨 원흉이다. 1927년 이름만 들어도 종아리가 후들후들 떨리는 유명한 과학자들이 벨기에의 수도 브뤼셀에 모였다. 돈 많은 금수저 기업가 에르네스트 솔베이가 자기 이름을 붙여서 국제학회를 하나 만들었는데 그 다섯 번째 학회에 무려 17명의 노벨상 수상자*가 어벤져스처럼 모였다. 여기서 원자모형을 만든 아이언맨 닐스 보어와 양자역학을 극도로 싫어했던 캡틴 아메리카 아인슈타인이 격돌했다. 과연 누가 이

---

* 남들 하나 받기도 힘든 노벨상을 두 번이나 받은 퀴리 부인도 참석했다.

겼을까?

사실 대부분의 사람들은 과연 보어가 아인슈타인을 상대로 얼마나 버틸 수 있을지 궁금해했다. 하지만 솔베이학회에서는 닐스 보어가 완승했다. 아인슈타인이 양자역학의 모순에 대해 이래저래 공격을 준비해 왔는데 보어 형님이 사실 토박이 설명충이라 아인슈타인이 공격을 포기할 때까지 미친듯이 이빨을 털었다. 말파이트급 탱킹과 현란한 혓바닥 드리블에 아인슈타인뿐만 아니라 그 자리에 참석했던 대부분의 물리학자들은 결국 양자역학을 받아들이게 된다. 이때 확립된 내용이 바로 보어가 연구하던 장소, 코펜하겐의 이름을 딴 '코펜하겐 해석'이다.

슬슬 궁금한 게 생겼을 거다. 도대체 코펜하겐 해석은 뭐고 아인슈타인은 양자역학을 왜 공격했으며 보어는 어떻게 방어했는지, 그리고 그 외의 과학자들은 그 당시 무슨 생각을 하고 있었는지 등등. 이 과정이 굉장히 상식적이기 때문에 이걸 차근차근 따라가다 보면 기가 막힌 결론이 나온다. 자, 그럼 출발!

입자와 파동이 뭔지 정도는 알고 있을 것이다. 굳이 사전적 정의를 찾아보지 않더라도 입자는 뭔가 작은 건더기 같은 녀석들이고 파동은 물결처럼 출렁이는 움직임이란 걸

금방 알 수 있다. 좋아. 예를 들어보자. 귓밥은 입자인가 파동인가? 귓밥처럼 하나만 파내서 옆 친구한테 던질 수 있는 건 입자다. 그럼 소리는? 소리는 한 친구한테만 던질 수가 없다. 일단 소리를 내면 원하든 원치 않든 근처에 있는 모두에게 들리기 때문에 이런 건 파동이다.

그럼 여기서 문제! 뻥 축구의 천재가 축구공을 뻥 찼다. 그럼 이 공은 과연 어디로 갔을까? 단, 공은 반드시 한 번만 찬다.

1. 공을 기다리고 있던 병장 축구의 달인 공격수 A

2. 열심히 뛰기 싫어서 중앙에서 산보 중인 미드필더 B

3. 아침에 일찍 일어나는 걸 가장 잘하는 조기축구회장 C

축구공은 입자인가 파동인가? 실제 축구공이라면 당연히 셋 중에 공을 찬 방향에 있는 사람이 공을 받을 것이다. 그러니 축구공은 입자다. 축구공을 한 번 찬다고 근처에 있던 공격수 A, 미드필더 B, 조기축구회장 C 3명 모두에게 공이 가지는 않을 것이다.

근데 문제가 여기서 시작된다. 분명히 공을 한 번 찼을 텐데 근처에 있던 3명이 동시에 공을 받은 것이다. 마치 파동처럼 말이다(2차 멘붕). 이런 일이 정말 일어난다고? 그런데 그것이 실제로 일어났습니다! 바로 양자역학이라 불리는 아주 작은 세계에서 말이다. 이 세계에서 정답은 A, B, C 모두다.

그 당시 과학자들은 빛이 입자인지 파동인지 헷갈렸다. 뉴턴 형님이 빛은 입자라고 하셨으니 오랫동안 믿고 따라가고 있었지만 뭔가 찝찝함이 남아 있었다. 그러던 와중에 영국의 한 물리학자*가 재미있는 실험을 하나 기획하는데 바로 이중 슬릿 실험이라는 것이다. 벽 앞쪽에 2개의 얇은 틈을 통과시켰을 때 빛이 입자라면 2개의 틈을 지나 틈의 모양대로 벽에 두 줄을 그릴 것이고, 파동이라면 틈을 빠져나와서도 파도처럼 물결치며 서로 만나기 때문에 벽에 여러 줄의 무늬를 만들 거라는 논리였다. 일리가 있는 말이라 한번 해보기로 했고 빛은 두 줄이 아닌 여러 줄의 무늬를 벽에 그렸다.** 서프라이즈! 빛이 파동이라는 증거를 제대로 보여준 것이다. 빛은 이 순간 빼박 파동이었다. 입자는

---

* 영국의 물리학자이자 생리학자이면서 13개국 언어에 능숙한 언어학자였던 박학다식한 천재 토머스 영.

** 「Plasmon-Assisted Two-Slit Transmission: Young's Experiment Revisited」, Schouten et al., 2005.

이렇게 안 되거든.*

빛은 그렇다 치고 다음 타자는 전자였다. 전자는 매우 작기는 하지만 축구공처럼 1개, 2개 셀 수 있고 질량도 있는 분명한 입자다. 이건 2개의 틈을 지나도 당연히 벽에 두 줄을 그릴 뿐 누구도 다른 모양이 생길 거라고는 기대하지 않았다. 그런데 전자가 모두의 기대를 깨고 틈 뒤쪽 벽에 여러 줄의 무늬**를 그리기 시작했다.*** 마치 동시에 3명에게 날아간 축구공처럼 말이다.

그 당시 과학자들은 정말 충격에 휩싸였다. 벽에 여러 줄의 무늬를 그리려면 입자로는 도달할 수 없는 곳까지 전자가 날아가야 하는데, 그 방법은 파동처럼 물결치며 가는 수밖에 없다. 하지만 묻지도 따지지도 않고 전자는 입자였다. 도저히 믿을 수 없었던 몇몇 과학자들은 전자가 도대체 중간에 어떤 방법으로 틈을 지나 날아가기에 이런 결과가 생기는지 직접 들여다보기로 했다.

놀랍게도 파동처럼 날아가서 여러 줄의 무늬를 그리던

---

* 빛은 사실 입자와 파동의 성질을 모두 갖고 있으며, 이를 파동-입자의 이중성이라고 한다.

** 실제로 하나의 전자가 간섭무늬를 그린 것은 아니고, 전자를 여러 개 쏘면 쌓이는 모양이 간섭무늬인 것이다.

*** The Discovery of Electron Waves(Davisson, 1965).

전자는 누군가 들여다보자마자* 갑자기 수줍은 입자처럼 단 두 줄만 벽에 그리는 것이 아닌가(3차 멘붕)? 언제 파동이었냐는 듯이 정확하게 입자처럼 행동하기 시작했다. 크리스티아누 호날두가 몰래 혼자 공을 찰 때는 한 번에 3명에게 동시에 공이 가다가 누군가 호날두가 어떻게 차나 궁금해서 뒤를 돌아보는 순간 공은 1명에게만 간다는 말이다.

비상식적이고 과학이 아닌 것처럼 느껴진다. 보지 않으면 파동이었다가 누가 보면 입자로 변신! 눈 감으면 파동, 눈 뜨면 입자! 장난치는 것도 아니고 이게 말이 될까? 실제로 아인슈타인도 우리와 똑같이 생각했다. 보기 전까지 입자로 존재하지 않았다는 뜻이라면 누구도 보지 않으면 사실상 없는 거나 마찬가지 아니냐, 이게 무슨 해괴망측한 말이냐 하고. 하늘에 떠 있는 달을 봐라. 달이 있지? 그런데 아무도 달을 보지 않았으면 달은 없는 거고 누군가 최초로 달을 봤기 때문에 달이 있는 건가? 꼭 인간만 봐야 하는 건가, 공룡이나 삼엽충이 봐도 되는 건가? 도대체 이게 말이 되는 건가 헷갈리기 시작한다. 이쯤에서 책을 덮고 싶겠지

---

* 너무 작아서 육안으로는 당연히 볼 수 없으며, 전자현미경이라는 장비를 통해서 관측 가능하다.

만 읽은 게 아까워서 읽게 되는 양자역학! 조금만 참으면 행복이 온다.

이건 본다는 개념을 정리하는 과정에서 어느 정도 해결할 수 있다. 보는 게 뭘까? 눈을 크게 뜨고 바라보는 것이라고 생각할 수 있겠지만 본다는 과정에는 매우 중요한 요소가 있다. 바로 빛이다. 만약 암실이라면 우리는 아무것도 볼 수 없다. 바로 우리에게 정보를 가져다주는 빛, 광자가 없기 때문이다. 무언가를 본다는 건 특정한 물체에 부딪혀서 튀어나온 광자가 우리 망막에 맺히는 현상이다. 광자가 보유한 정보를 우리가 읽기 때문에 우리는 사물을 볼 수 있게 된다. 즉, 우리는 무언가를 보기 위해 광자를 그 무언가에 던지는 셈이다.

달이나 자동차나 젤리 조각처럼 작은 것마저도 광자가 부딪힌다고 해서 크게 달라지지 않는다. 근데 문제는 양자 세계에서 광자는 굉장히 큰 녀석이라는 점이다. 파동의 형태로 물결치고 있던 전자에게 광자처럼 거대한 입자 돼지가 날아와서 부딪히면 엄청난 충격을 받게 되고, 갖고 있던 파동성을 상실한 채 입자로 붕괴돼버린다. 우리야 그저 보려고 했을 뿐인데 전자 입장에서는 일방과실의 교통사고가 난 것이다.

이해를 돕기 위해 약간 과장하긴 했지만 이처럼 본다는 개념은 양자세계에서 물리적인 충돌을 의미하며 보는 주체는 사람이나 동물처럼 생명체만을 의미하는 게 아니라 이 우주에 존재하는 모든 물질이 될 수 있다. 광자를 통해 우리가 관측을 해도 입자로 붕괴되지만 우리가 아닌 다른 물질, 예를 들어 마포구에 사는 김미세먼지 씨와 살짝 닿아도 입자로 붕괴된다. 미세먼지와 상호작용이 일어났기 때문이다. 이렇게 해석하는 방법을 코펜하겐 해석*이라 부른다.**

"아, 그렇구나. 너무 작은 세계에서는 이럴 수 있지." 이제 마치 이해가 가는 듯한 착각이 들었을 수도 있다. 여기서 다시 우리를 멘붕에 빠뜨릴 동물이 한 마리 나온다. 바로 '슈뢰딩거의 고양이'다.

과학계에 유명한 동물이 두 마리 있다. 바로 파블로프의 개와 슈뢰딩거의 고양이다. 파블로프의 개는 종을 치면 침을 흘렸던 녀석인데 턱에 구멍을 뚫고 흘러나온 침의 양을 측정하는 등 알려진 것보다 훨씬 잔인했던 실험을 겪었다.

---

* 파동과 입자가 확률적으로 겹쳐 있는 상황에서 관측하면 파동함수의 붕괴가 일어나 하나의 상태로 결정.

** 「Who invented the "Copenhagen Interpretation"? A study in mythology」, Howard, 2004.

만약 슈뢰딩거의 고양이 실험도 머릿속에서 벌어지는 사고 실험이 아니었다면 아마도 훨씬 잔인했을 것이다. 슈뢰딩거의 고양이 실험은 사실 양자역학을 극도로 싫어했던 슈뢰딩거가 코펜하겐 해석이 말도 안 된다고 딴지를 걸기 위해 설계한 실험이었다.* 그런데 그 실험이 양자역학이 갖고 있는 특성을 너무도 이해하기 쉽게 설명하다 보니 이제는 양자역학 하면 항상 따라오는 소중한 존재가 되었다. 적진에 공격하러 들어갔다가 갖고 있던 아이템을 다 떨구고 나온 꼴이다.

일반적으로 알려진 슈뢰딩거의 고양이는 상자 안에 들어가 있다. 상자를 열기 전까지 고양이가 살았는지 죽었는지 알 수 없고 상자를 여는 순간 우리는 고양이의 생사를 확인할 수 있다. 상자를 오래 놔두면 고양이는 굶어 죽겠지만 그래도 우리는 상자를 열기 전까지 확신할 수 없다. 뭐 이런 식으로 여기저기 많이 나오는데, 과학적인 내용처럼 보이지는 않는 게 문제다. 사실 여기에 매우 중요한 맥락이 빠져 있기 때문이다.

다시 양자세계로 돌아가보자. 전자는 파동이기도 하면

---

* 「Die gegenwärtige Situation in der Quantenmechanik」, Schrödinger, 1935.

서 입자기도 하다. 둘의 성질을 확률적으로 갖고 있다. 관측하기 전까지는 '파동이자 입자'다가 보는 순간, 즉 관측하는 순간 그중 하나의 상태로 결정나는 것이다. 파동 혹은 입자, 둘 중 하나라는 말이 아니다. 재차 말하지만 파동이면서 동시에 입자다. 뭔 소린지 모르겠다면 이렇게 생각해보자. 치킨을 시켰는데 뭘 시켰는지 기억이 잘 안 난다. 양념치킨 아니면 프라이드치킨이겠지. 그런데 배달된 포장지를 뜯기 전까지는 양념치킨이자 프라이드치킨이라는 말이다. 양념 반 프라이드 반도 아니고, 두 가지 모두에 해당되는 치킨이다. 뭐? 이제는 말이 안 된다는 걸 깨달았을지도 모르겠다.

양자역학에 찬성하는 과학자들은 양자 동네가 워낙 작은 녀석들이 사는 세계라 원래 이상한 일이 일어날 수 있다고 주장했다. 그래, 전자 입자 1개에서는 이런 일이 일어날 수도 있다. 너무 작으니까. 그럼 입자 2개부터는 안 일어날까? 3개는? 500개쯤부터는 확실히 입자로만 존재하려나. 도대체 입자가 몇 개 붙기 전까지는 파동이자 입자며 언제부터 확실하게 입자로만 존재할까? 분명히 그 경계가 있어야 한다. 왜냐하면 우리는 코딱지처럼 웬만큼 작은 것들도 파동으로 보인 적이 없기 때문이다. 어느 순간 양자세계에서 현실로 넘어오는 경계가 있을 것이고 그 경계 이후부터는 모든 물질은 입자로만 존재해야 말이 된다.

다시 슈뢰딩거의 고양이 실험을 들여다보면 상황은 매우 간단하다. 복잡한 장치를 빼고 실험을 좀 더 단순화시켜서 보겠다. 밀폐된 상자 안에 파동이자 입자인 고독한 전자가 있다. 그 옆에는 독극물 병과 망치가 있다. 이게 파동일 때는 아무 문제 없지만 입자가 되는 순간 망치가 작동해서 독극물이 든 병을 깨버린다. 그리고 그 상자 안에 고양이를 한 마리 집어넣고 상자를 봉인한다. 양자역학의 관점에서 현재는 관측이 일어나기 전이기 때문에 전자는 파동이자 입자다. 하지만 관측하는 순간, 둘 중 하나의 상태로 결정되고 망치가 작동하거나 아니면 그대로 있을 것이다. 이 말은 고양이가 죽거나 살아 있다는 뜻이다. 다시 말하지만 고양이의 생사가 결정나는 것은 관측하는 순간이다. 반대로 관측 전이라면 고양이는 죽거나 살아 있는 둘 중의 하나의 상태가 아니라 생존과 죽음이 겹쳐 있는 중첩 상태인 것이다. 이건 뭐 좀비다.

고양이는 죽지도 않았지만 살아 있지도 않다. 혹은 죽었고 살아 있다. 아마 말이 되지 않는다고 생각할 것이다. 양자세계는 매우 작아서 그렇다고 넘어갈 수 있겠지만 고양이는 아니지 않느냐. 고양이는 명백한 현실세계의 입자다. 근데 무슨 이중성 같은 소리냐. 이게 말도 안 되는 헛소리라고 느껴진다면 양자역학 또한 마찬가지다.

사실 슈뢰딩거는 고양이를 이용해서 양자세계에서 일어나는 문제가 현실세계에서도 충분히 일어날 수 있다는 걸 보여준 것이다. 그 경계가 있다는 것 자체가 말 같지도 않은 소리며, 코펜하겐 해석이 맞다고 치면 고양이도 사실 파동이자 입자여야 한다는 것이 슈뢰딩거의 고양이의 결론이다.

다시 반양자역학파로 넘어갈 만한 강력한 유혹이다. 하지만 이 문제 역시 이미 해결되었다. 그래. 슈뢰딩거의 고양이의 결론대로 고양이도 파동이자 입자가 맞다. 잠깐, 뭐? 고양이 액체설은 들어봤어도, 고양이 파동설이라니. 아, 고양이가 파동이었구나. 고양이를 이중 슬릿에 통과시키면 벽에 여러 줄의 무늬가 나오겠네.

오해하지 말길 바란다. 고양이가 파동이자 입자인 이중성을 갖고 있을 수 있다는 건 맞다. 하지만 아무 때나 이런 일이 일어나는 것은 아니다. 이게 성립하기 위해서는 매우 복잡한 조건이 필요하다. 진공이어야 하겠고 빛도 없고 관측도 없고 심지어 고양이를 구성하고 있는 세포들 원자들끼리도 서로 상호작용을 해서는 안 된다. 하지만 고양이가 얼마나 복잡한 생물체인가. 서로가 굉장히 치밀하게 감시하고 있기 때문에 모두가 서로를 관측하지 않는 상황은 잘 일어나지 않는다. 그래서 고양이는 항상 입자로 존재한다. 이제 좀 이해가 가시는지?

그럼에도 과학자들은 실험적으로 파동과 입자의 이중성을 가질 수 있는 최소의 크기를 찾기 위해 노력하고 있다. 현재 탄소 원자 60개로 이루어진 세상에서 가장 작은 축구공 모양의 분자는 이중 슬릿을 통과했을 때 파동처럼 여러 개의 간섭무늬가 나오는 것을 확인했다. 다음 단계는 이보다 100배 큰 바이러스다.* 바이러스가 만약 간섭무늬를 그린다면 이중성을 입증한 최초의 생명체가 될 수 있으며 한 번에 두 군데에 동시에 존재하는 이 녀석을 어떻게 해석해야 할지 많은 연구가 아마 필요할 거다.

출근하고 퇴근하고 학교 가고 밥을 먹고 화장실에 가는 것마저 항상 결정되어 있던 고전역학의 세계에서 눈을 뜬 우리는, 관측하기 전까지 모든 것이 확률적으로 중첩되어 있는 양자역학의 세상으로 왔다. 뭔가 바뀐 게 있는가? 모든 것은 그대로일 수도 있다. 하지만 당신이 책장을 넘기

---

* 「Quantum superposition, entanglement, and state teleportation of a microorganism on an electromechanical oscillator」, Tongcang Li et al., 2016.

는 이 순간에도 당신의 상태가 중첩되어 있을 수 있고 무한하게 중첩된 개별 사건들로부터 미래가 끊임없이 분화하고 있다고 생각하면 약간 흥분된다. 모든 상태는 단지 가능성을 갖고 중첩되어 있을 뿐이고 우리가 관측하는 순간마다 하나의 우주로 결정되는 것이다. 당신이 이 책을 들고 분리수거 종이류 앞을 서성이다가 읽기를 다짐했을 때, 중첩되어 있던 '책이 버려지는 우주'는 그렇게 붕괴했다. 휴, 다행이다.

▸▸▸ **더 볼 거리**

궤도의 과학 허세

© 궤도, 2022. Printed in Seoul, Korea

초판 1쇄 펴낸날	2018년 12월 20일
초판 6쇄 펴낸날	2021년 12월 23일
개정판 1쇄 펴낸날	2022년 6월 22일
개정판 12쇄 펴낸날	2024년 12월 31일
지은이	궤도
펴낸이	한성봉
편집	최창문·이종석·오시경·권지연·이동현·김선형
콘텐츠제작	안상준
디자인	최세정
마케팅	박신용·오주형·박민지·이예지
경영지원	국지연·송인경
펴낸곳	도서출판 동아시아
등록	1998년 3월 5일 제1998-000243호
주소	서울시 중구 필동로8길 73 [예장동 1-42] 동아시아빌딩
페이스북	www.facebook.com/dongasiabooks
전자우편	dongasiabook@naver.com
블로그	blog.naver.com/dongasiabook
인스타그램	www.instargram.com/dongasiabook
전화	02) 757-9724, 5
팩스	02) 757-9726
ISBN	978-89-6262-436-6 03400

※ 잘못된 책은 구입하신 서점에서 바꿔드립니다.

만든 사람들

초판편집	한민세·하명성
책임편집	이종석
디자인	박진영
일러스트	키크니